基于信息度量的高维数据特征选择模型和方法

王雅娣　著

U0195308

河南大学出版社
·郑州·

图书在版编目(CIP)数据

基于信息度量的高维数据特征选择模型和方法 / 王雅娣著. --郑州:河南大学出版社,2023.5

ISBN 978-7-5649-5466-6

Ⅰ.①基… Ⅱ.①王… Ⅲ.①数据采掘 Ⅳ.①TP311.131

中国国家版本馆 CIP 数据核字(2023)第 094226 号

责任编辑 张雪彩
责任校对 李亚涛
封面设计 陈盛杰

出版发行 河南大学出版社
地址:郑州市郑东新区商务外环中华大厦 2401 号　　**邮编**:450046
电话:0371-86059715(高等教育出版分社)
0371-86059701(营销部)　　网址:hupress.henu.edu.cn
排　　版 郑州市今日文教印制有限公司
印　　刷 郑州市今日文教印制有限公司
版　　次 2023 年 5 月第 1 版　　**印　　次** 2023 年 5 月第 1 次印刷
开　　本 710 mm×1010 mm　1/16　　**印　　张** 11.25
字　　数 203 千字　　**定　　价** 45.00 元

(本书如有印装质量问题,请与河南大学出版社营销部联系调换。)

前　言

人工智能是新一轮科技革命及产业革命重要的着力点，它的发展对国家经济结构的转型升级有着重要的意义。近年来，我国多次将人工智能的发展和规划列入国家政策，逐步确立人工智能技术在战略发展中的重要性。在人工智能领域中，机器学习是最能够体现其智能的一个重要分支，其理论和方法已被广泛应用于解决科学领域和工程应用的复杂问题。统计学习模型能够获得稳定的结果并具备良好的可解释性，已成为机器学习领域的一个热点研究方向。

数据的迅速增长和机器智能的发展，催生了智能时代的到来，也挑战着现有统计学习模型的学习能力。高维数据特征选择是近年来机器学习领域的研究热点之一，其主要目的是寻找一个较小特征子集来优化机器学习算法的性能。重要的特征能够提升模型的性能，有助于理解数据的特点、底层结构，对进一步改善模型、算法都起着至关重要的作用。人脸识别、生物信息学以及医学影像学等领域产生的高维数据在特征结构、特征维数和数据来源等方面不断呈现出新特性，对现有的特征选择方法提出了严峻的挑战。

处理上述挑战的传统方法主要有三种：设计新的统计学习模型、复杂问题简单化、提高模型求解速度，但仅靠其中任何一种都不能有效解决上述问题。信息论在人工智能领域中具有重要的应用价值，信息熵、互信息、联合互信息、多信息等信息论度量只依赖于原始数据的概率分布而不是其实际值，因此，这些信息论度量能够更有效地评估特征重要性并构造自适应权重。将信息论度量融合于统计学习模型的构建，是高质、高效、鲁棒地解决“精度低、不稳定”等高维数据特征选择存在的关键问题的必然和有效途径。因此，基于人工智能、高维数据、信息论和统计机器学习，充分利用“知识＋数据＋算法＋算力”的新型人工智能架构势在必行。

本书对高维数据的特征选择问题进行了深入的研究。在内容选取上，本书所研究的内容主要包含两个方面，即针对结构稀疏模型的改进与研究，以及基于信息论的过滤式特征选择方法的研究与改进。重要的是，将上述特征选择模型和方法应用到当前数据挖掘领域面临的高维数据特征选择问题以及多学科交叉的问题。在叙述方式上，每一章介绍一种模型或方法，各章内容相对独立、完整；同时力图用统一框架来论述所有方法，使全书整体不失系统性。读者可以从头到尾通读，也可以选择单个章节细读。对每一种方法的讲述力求深入浅出，给出必要的推导证明，使初学者易于掌握方法的基本内容。

本书由国家自然科学基金青年基金项目(62106066)、河南省优秀青年科学基金项目(242300421171)资助。本书可以作为统计机器学习及相关课程的教学参考书，适用于计算机科学与技术、数据科学等专业的本科生、研究生。

本书初稿完成后，杨曼、黄梦瑶、马鹏飞、周腾飞等人分别审阅了全部或部分章节，提出了许多宝贵意见，对本书质量的提高有很大帮助，在此向他们表示衷心的感谢。此外，真诚地感谢我的父亲对我学术生涯无怨无悔的支持，在此将此书献给我的父亲！

由于作者水平所限，书中难免有不足之处，内容仍有极大修改空间，欢迎专家和读者给予批评指正。

目　　录

第1章　绪　论

1.1 研究背景与意义

我们现在正处于大数据时代，海量高维数据在社交媒体、医疗保健、模式识别、统计学、机器学习、数据挖掘以及生物信息学等多个领域无处不在。数据的快速增长对有效和高效的数据管理提出了挑战。实际应用中会经常遇到具有几百甚至成千上万个属性的高维数据[1]。这些数据经常可以表示为高维属性空间中的点或向量，即客观世界中的对象集可用高维数据的集合来表示。数据挖掘是指站在不同的角度从这些海量数据中提取有价值的信息进行分析和理解的过程[2]。高维数据特征选择是数据挖掘过程中的一个重要组成部分，也是近年来数据挖掘领域的研究热点之一。传统的数据挖掘和机器学习任务，例如分类、聚类和回归在处理低维数据时取得了良好的性能。然而对于高维数据，它们通常产生的模型较为复杂，并容易产生过拟合现象和维数灾难问题，其中维数灾难是指数据在高维空间变得更稀疏的现象，对低维空间设计的算法会产生不利影响[3]。为了解决这些问题，许多特征选择（也称为特征排序、子集或变量选择）[4-9]技术相继被提出。特征选择是高维数据挖掘过程中的一个重要组成部分，也是近年来数据挖掘领域的研究热点。特征选择的主要目的是找到一个最小的特征子集来优化机器学习算法的性能。在高维数据的分类问题上，特征选择有着十分重要的地位。特征选择技术能给学习算法带来许多利益，减少了计算代价和对数据的存储要求，降低了模型的训练时间，提高了分类的速度和准确率，使对数据的可视化和理解更容易。然而，选择特征的最优子集是 NP 难的[10,11]。此外，还有两个实际原因使得特征选择更加困难：一方面是由于被处理的对象通常是结构复杂的高维或超高维数据，其中特征维数非常高，从数百到数万不等。然而，只有少数特征与要预测的输出响应或样本相关，即大多数特征是噪声变量。另一方面由于样本量可能远小于特征数，使用传统的建模工具（如最小二乘法），数值计算往往是病态的。

稀疏学习模型[161]能够获得稳定的结果和良好的可解释性，因此，其可被广泛地用于高维数据的特征选择问题。对于高维数据，稀疏学习模型的性能会受到许多外部和内部因素的影响。噪声特征会从外部降低稀疏学习模型的性能[162]，而每个特征的重要性和特征之间的相关性对稀疏学习模型的性能都会造成较大的影响[26]。现有的稀疏学习模型主要集中在独立特征选择和组特征选择上。独立稀疏学习模型在数集中特征互相独立的情况下可以获得良好的性能。然而，这类模型不适于具有高度相关特征的数据集。在许多实际环境中，特征之间存在着具有解释意义的相关结构。例如，基因表达数据中存在着描述基因与生物通路之间内在联系的分组结构。现有的许多组稀疏学习模型[18,105,133]都是针对预先给定的分组结构而设计的。然而，分组结构往往隐含在数据中，现有的组稀疏学习模型已不再有效。此外，如果给定的分组结构与所考虑的响应变量无关，则组稀疏学习模型的性能仍然较差。换句话说，现有的学习模型要么只考虑单个特征，要么只考虑没有响应（或类标签）信息的分组结构。因此，选择与响应（或类标签）相关的特征集是特征选择的关键。现有的稀疏学习模型更多地关注具有较大系数的特征或特征组，这会导致估计偏差、估计效率低下或选择不一致等现象[36,82,123]。因此，建立可解释的稀疏学习模型，推测高维数据中的特征相关结构并从中选择一个最优的特征子集是非常必要且具有挑战性的。

在实际问题中，高维数据的挖掘对象不止含有两类样本的数据，也涉及多媒体人脸识别、文本数据等多种样本的高维数据。针对这些多种样本类型的数据，多分类问题是数据挖掘中的一个难点，也是亟待解决的一个问题。因此，如何发展一种方法能够被广泛应用到这些数据的多分类问题也是一个重点研究方向。对于高维数据的多分类问题，理想的方法是能够在多分类的同时能自动进行自适应组特征选择。如果一些特征不仅彼此高度相关，并且与样本相关联，那么我们希望对与该特征子集相对应的系数执行较小的收缩。若能提出一种能将具有相似预测性能的特征分组的聚类方法，然后使用这些分组的特征就可以更精确地执行组稀疏多项式回归模型[12]。另一点是基于这些特征组，如何构造出能够准确评估特征组和组内特征重要性的权重也具有一定的研究意义。

根据特征与类标签之间的相关性大小可将特征分为强相关、弱相关和不相关等三种类型。依据特征与特征的关联程度,可将特征分为冗余和非冗余两种类型。将相关性和冗余性结合起来可将特征分为如下四种类型:不相关特征(不相关特征分冗余、非冗余、没有意义)、弱相关且冗余、弱相关非冗余以及强相关。理想的特征选择算法应实现弱相关非冗余、强相关两种类型特征的选择。目前存在的一些特征选择方法,例如 Relief[13],F-统计[14]以及基于互信息[15]等,未充分考虑数据内部的冗余性,因此使得所选择特征的分类性能未达到最佳状态。因此特征选择问题的理想方法是在原始特征集合中寻找一个更精确有效的特征子集来进行建模,提高分类性能。所提的特征选择方法不仅能选择与类标签有高度相关性的特征,而且能有效地降低特征子集中的冗余性,从而能够被有效地应用到高维数据的特征选择和分类中。另外一些特征选择方法大都可以删除无关特征且能够在一定程度上删除冗余特征,如 mRMR(最大相关最小冗余)[7],也有一些方法过度删除了冗余特征,导致大量有用信息的丢失,如基于近似马尔可夫毯的 FCBF[5]。因此,提出更好的特征选择方法来实现弱相关非冗余、强相关两种类型的特征选择是至关重要的。

高维数据挖掘作为一个迅速发展的领域,将面临更多新的发展机遇,也将在更多领域得到更为广泛的应用。生物信息挖掘是数据挖掘技术在生物信息中的应用,主要意义在于对这些海量数据进行统计学分析,挖掘出有价值的信息,进而揭示复杂疾病和生物学过程的本质。在用于癌症分类的微阵列数据[16,17]中,基因被看作特征或者属性,组织样本被标记为特定的种类。将数据挖掘领域的分类算法应用在这些带有类标号的微阵列数据上,并建立分类器,然后用这个分类器将新的未标明种类的组织样本进行分类。若同时在分类的过程中能够挖掘与人类疾病高度相关的基因将对解析疾病的机制和发现新的药物靶标起到很大的帮助。基因分组对于基因选择也是至关重要的。在一个复杂的生物学过程,例如,检测肺癌或脑瘤,不仅涉及挖掘单个基因,而且涉及挖掘基因子集中的基因之间的相互作用。尽管近年来已经发展了许多基于分组后的基因的基因选择方法,但是这些方法中有很少的方法具有生物学意义。在研究高维癌症数据分类问题的过程中,自适应识别重要基因组和特定组内的重要基因是基因选择问题的另一个挑战。目前的研究重点是提出具有生物意义的分组策略和构造合理的基因组及组内基因权重，以及对组稀疏回归模型[18]的研究与改进。

1.2 研究现状

近年来，特征选择在机器学习、图像处理、异常检测、生物信息学和自然语言处理等与智能系统相关的应用领域有着广泛的应用。随着对特征选择技术关注度的增加，许多特征选择方法相继被提出。Dash 和 Liu[19] 提出了一个通用的特征选择框架，如图 1.1，包括四个基本步骤：生成策略、评价准则、停止条件和结论验证。生成策略从原始特征集生成特征子集。评价准则评价特征子集的相关性，判断生成的特征子集的合理性。如果候选特征子集满足停止条件，则由验证模块验证候选特征子集，否则由生成策略生成新的候选特征子集。重复该过程，直到满足停止条件。结论验证检验了生成的特征子集的有效性。特征选择的生成策略和评价准则对特征选择性能至关重要。

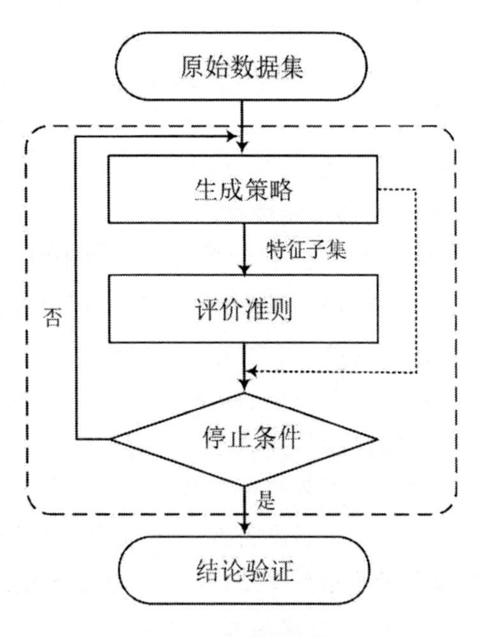

图 1.1 特征选择框架

根据评估策略，现有的特征选择方法可被分为两类：独立于分类器的方法主要是过滤式(Filter)方法[8,11,20-22]，依赖于分类器的方法包含封装式(Wrapper)和嵌入式(Embedded)两类方法。如图1.2所示，过滤式(Filter)方法根据独立于学习算法的数据的内在属性来评估特征的重要性，其通过某种搜索策略，选择合理的特征子集。过滤型方法也是最为简单的特征选择方法。在监督学习中，过滤式方法按其与类标签的相关性排列特征。大多数相关分数可以用一般方法计算，如F-score[14]，Relief[13]和Relief-F[23]等。这些方法在去除不相关特征方面是有效的，但在去除冗余特征方面是无效的。另一方面，这些方法依赖于原始数据集的实际值，并且对数据集的噪声较敏感。以上是我们致力于解决的两个问题。封装式(Wrapper)方法[20]早在1994年被提出，其特征选择流程如图1.3所示，其特征性能的评价依赖于具体的分类器，所以该类方法的分类精度得到了大幅度的提高。此类方法由于受到所选分类器的限制，算法效率很低，不适合针对大规模数据集或高维数据进行运算。此外，封装式方法还有一个明显的缺陷，就是对小样本数据集进行特征选择时，容易出现过拟合的情况。

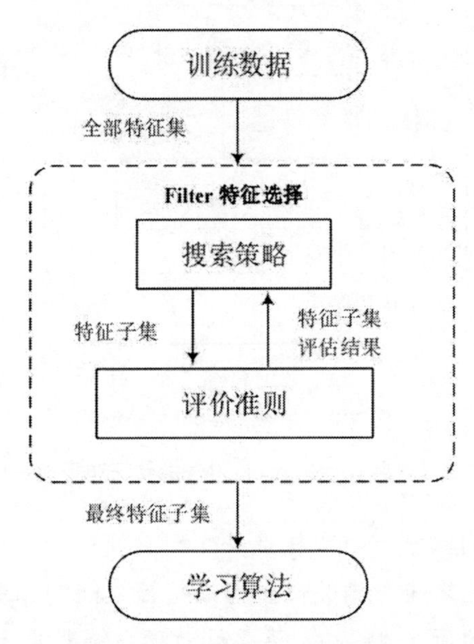

图 1.2 过滤式(Filter)方法的特征选择流程图

传统的方法在处理低维数据时取得了良好的分类性能和特征选择性能。然而对于高维数据，它们通常产生的模型较为复杂，并容易产生过拟合现象。

针对上述高维数据挖掘出现的问题与困难，通常的做法是对高维数据进行降维[24]，然后用低维数据的处理办法进行处理。或者直接利用高维数据的特点，研究出基于稀疏表示[25,26]的高维数据挖掘方法。一些经典高效的嵌入式(Embedded)方法相继被提出。这些模型可以去除大量冗余特征，并尝试保留与响应变量或样本最相关的特征。使用数据集中保存最重要信息的简单模型，可以大大降低特征维数。通过最小化被正则化项惩罚的经验误差，即最小化损失项(经验误差)和惩罚项(正则化项)之和，一些流行且成功的稀疏学习模型被构造以实现特征选择。不同损失项和惩罚项的稀疏学习模型表现出不同的性能。换句话说，损失项和惩罚项的构造对于稀疏学习模型至关重要。

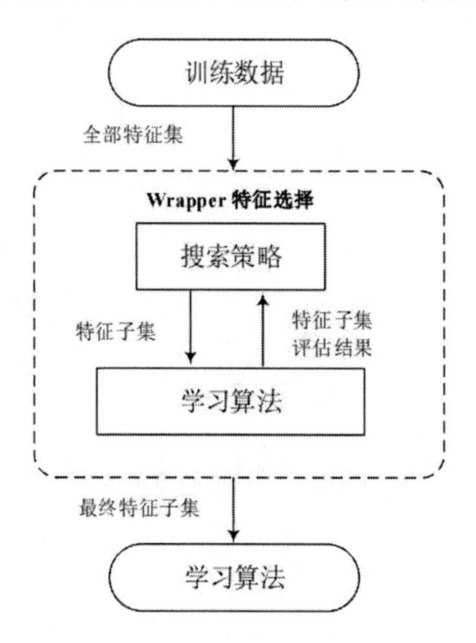

图 1.3　封装式(Wrapper)方法的特征选择流程图

基于特征的相关性，我们可以构造一个符合实际应用的特征图，其中顶点代表特征，边代表特征之间的相关性。如果特征之间的相关性太弱，则不创建边，即图只包含独立的顶点(特征)。许多针对独立特征的稀疏学习模型相继被提出。通常，特征之间的相关性具有不同的强度(边权重)，这意味着图中存在一些边或相关特征。根据特征之间的相关性强度，可以将图划分为不同的组(或子图)。将具有相似强度的特征集划分为一组。由于强度或权重很少明确给出,因此,对于不同强度或权重值可形成不同的图。如何对特征进行分组是特征选择的关键。相关强度度量和特征分组对所建立的稀疏特征选择模型的损失项或惩罚项有很大的影响。

在许多应用中,独立的和结构化的特征都是存在的,这意味着独立稀疏学习模型和结构稀疏学习模型都具有很重要的研究价值。此外,近年来还提出了许多新的模型和算法,特别是在高维特征选择方面。接下来我们更全面地概述用于解决特征选择问题的稀疏学习模型。

1.2.1 基于稀疏学习模型的特征选择

稀疏学习模型的目的是去除不重要的特征,同时保留与相应或样本最相关的特征。最终选择的数据集中保留了高维数据所需的重要信息。给定一组数据集 $(X,y)=\{(x_i,y_i) \mid i=1,\cdots,n\}$,$x_i=(x_{i1},\cdots,x_{ip})^{\mathrm{T}} \in \mathbf{R}^p$ 为输入向量。n 和 p 分别为样本和特征的数目。令 $X=(x_{(1)},\cdots,x_{(p)})$ 为模型矩阵,其中 $x_{(j)}=(x_{1j},\cdots,x_{nj})^{\mathrm{T}}$ 为第 j 个预测子。$y=(y_1,\cdots,y_n)^{\mathrm{T}}$ 表示 $n\times 1$ 维的响应向量。对于二分类问题,响应向量 y 为类标签向量,其包含输出标签 $y_i \in \{0,1\}$ 。对于 K 类分类问题,$y_i \in \{1,2,\cdots,K\}$ 对应于第 i 个输入向量 x_i 。

基于稀疏学习模型的特征选择是一个优化问题,其目的是最小化由正则化项惩罚的经验误差:

$$\hat{\beta}=\underset{\beta}{\arg\min}\{L(y,\beta)+R(\lambda,\beta)\}. \tag{1.1}$$

$L(y,\beta)$ 为损失项,$R(\lambda,\beta)$ 为惩罚项(或正则化项)。等式(1.1)中的 $\beta \in \mathbf{R}^p$ 为系数向量。根据估计的系数向量 $\hat{\beta}$ 选择特征,即 $\hat{\beta}$ 中非零系数对应的特征被选择。$\hat{\beta}$ 中非零估计系数的数目表示要选择的特征的数目。正则化参数 λ 用于权衡损失项和惩罚项。一些稀疏学习模型可能包含有多个正则化参数来平衡惩罚因子。等式(1.1)通过增加惩罚项,防止过拟合,提高泛化能力。

现有的稀疏学习模型可以简单地分为独立和组特征选择稀疏模型,如图1.4所示。独立稀疏模型可以进一步分为线性模型和非线性模型。线性模型的求解路径是分段线性的,每个步长方向和阶跃大小都是以闭合形式计算的。非线性模型的求解路径是弯曲的,需要迭代方法来计算和更新方向以及确定每条曲线的端点。需要多次传递数据,这使得非线性模型的算法比线性模型的算法慢。与独立稀疏特征选择模型不同,组特征选择稀疏模型能够考虑特征之间的组结构,即分组效应或强度。例如,复杂的疾病(如癌症)是由许多原因引起的。一个典型的原因是基因通路或一组结构基因的突变,即疾病是由一个结构子图引起的。自动分组效应模型实现了强相关特征的组特征选择。结构组效应模型通过考虑不相交或重叠的组、树和图结构等特征结构来进行组特征选择。

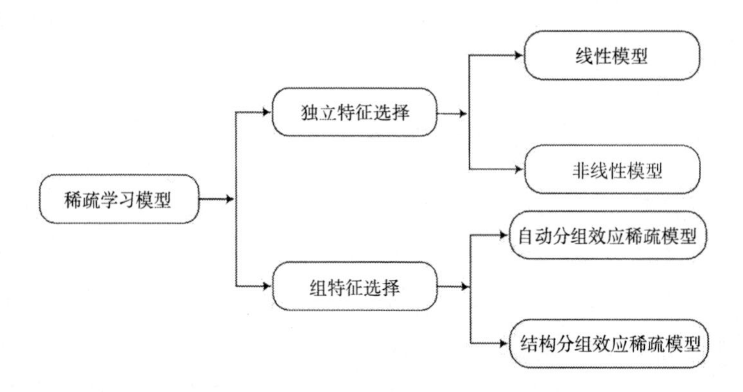

图 1.4 稀疏学习模型的简要分类图

1.2.2 独立稀疏特征选择

独立稀疏特征选择的稀疏学习模型是统计分析高维数据的主流方法,具有计算简单的特点。经典的独立稀疏特征选择模型如下。

1.2.2.1 线性模型

考虑线性回归模型 $y=X\beta+\varepsilon$,其中 $\varepsilon=(\varepsilon_1,\cdots,\varepsilon_n)\sim N(0,\sigma^2 I_n)$为误差向量,其中所有误差均为零均值和方差为 σ^2 的独立同分布随机变量。y 被预测为 $\hat{y}=X\hat{\beta}=\sum_{j=1}^{p}\hat{\beta}_j x_{(j)}$ 。$\hat{\beta}=(\hat{\beta}_1,\cdots,\hat{\beta}_p)^{\mathrm{T}}$ 是由等式(1.1)得到的估计系数向量。

最重要的独立稀疏特征选择模型是 Tibshirani[27] 提出的 Lasso,其正则化项为 L_1 范数,如公式(1.2)所示。

$$\hat{\beta}(\text{Lasso})=\underset{\beta\in R^p}{\operatorname{argmin}}\left\{\frac{1}{2}\|y-X\beta\|_2^2+\lambda\|\beta\|_1\right\},\tag{1.2}$$

其中$\frac{1}{2}\|y-X\beta\|_2^2$ 为损失项,$\lambda\|\beta\|_1$ 为等式(1.1)中惩罚项。正则化参

数 $\lambda \geqslant 0$ 决定了解 $\hat{\beta}$ 的稀疏性。回归系数绝对值之和满足 $\sum_{j=1}^{p} |\beta_j| \leqslant t$，其中 $t \geqslant 0$ 是预先给定的参数。Lasso 是基于正则化框架，成为稀疏回归的标准工具。Buhlmann 等人[28]讨论了高维问题的 Lasso 模型，并分析了相关的理论性质。Liu 等人[29]总结了处理线性回归问题的正则化稀疏模型。尽管桥估计子[30]在 Lasso 之前提出，执行的困难限制了它的流行。目前，L_1 正则化的有效性和效率使其在特征/变量/模型选择中得到了广泛的应用。

当 $\lambda = 0$ 时，Lasso 将转化为经典的最小二乘回归估计子。Meinshausen 等人[31]和 Zhao 等人[32]分析了当 p 和 n 趋于正无穷大时 Lasso 的变量(特征)选择一致性。Xu 和 Ying[33]考虑了带 Lasso 型惩罚项的中值回归在特征选择中的应用。通过计算任意一个球与多个半空间约束组合的对偶空间的最优解，一种自适应筛选规则被提出[34]来求 Lasso 的解。近二十年来，人们提出了许多 Lasso 的变体，其详细模型在表 1.1 中给出，并在下面进行简单地介绍。

1）平滑截断绝对偏差惩罚算子 (SCAD)

表 1.1 经典的独立线性模型对比

模型	损失项 $L(y,\beta)$	惩罚项 $R(\lambda,\beta)$	参数范围
Lasso[27]	$\frac{1}{2}\|y-X\beta\|_2^2$	$\lambda\|\beta\|_1$	$\lambda\geqslant 0$
SCAD[35]	$\frac{1}{2}\|y-X\beta\|_2^2$	$\sum_{j=1}^{p} P_\lambda(\beta_j)$	$\lambda\geqslant 0, a>2$
自适应 Lasso[36]	$\frac{1}{2}\|y-X\beta\|_2^2$	$\lambda\sum_{j=1}^{p} \hat{w}_j \|\beta_j\|$	$\lambda\geqslant 0$
松弛 Lasso[37]	$\frac{1}{2}\|y-X\{\beta\cdot 1_{M_\lambda}\}\|_2^2$	$\varphi\lambda\|\beta\|_1$	$\lambda\geqslant 0, \varphi\in(0,1)$
DS[38]	$\|y-X\beta\|_\infty$	$\lambda\|\beta\|_1$	$\lambda\geqslant 0$
LAD－Lasso[39]	$\|y-X\beta\|_1$	$\sum_{j=1}^{p}\lambda_j \|\beta_j\|$	$\lambda_j\geqslant 0$
MCP[40]	$\frac{1}{2}\|y-X\beta\|_2^2$	$\sum_{j=1}^{p} \varphi_\lambda(\beta_j)$	$\lambda\geqslant 0, a>1$
SRL[41]	$\|y-X\beta\|_2$	$\lambda\|\beta\|_1$	$\lambda\geqslant 0$
ULasso[42]	$\frac{1}{2}\|y-X\beta\|_2^2$	$\lambda_1\|\beta\|_1+\lambda_2\beta^{\mathrm{T}}C\beta$	$\lambda_1,\lambda_2\geqslant 0$

Lasso 倾向于选择系数较大的变量，这可能导致产生有偏解。Fan 和 Li[35]提出了一种基于平滑截断绝对偏差(Smoothly Clipped Absolute Deviation, SCAD)的正则化项，该正则化项利用惩罚项减少偏差并产生连续解

$\sum_{j=1}^{p} P_{\lambda}(\beta_j)$ 。$P_{\lambda}(\beta_j)$为 SCAD 惩罚。给 $a>2$ 和 $\lambda \geqslant 0$，$P_{\lambda}(\beta_j)$被定义为：

$$P_{\lambda}(\beta_j)=\begin{cases}\lambda|\beta_j|, & \text{if } |\beta_j| \leqslant \lambda; \\ \dfrac{-|\beta_j|^2+2a\lambda|\beta_j|-\lambda^2}{2(a-1)}, & \text{if } \lambda<|\beta_j|<a\lambda; \\ \dfrac{(a+1)\lambda^2}{2}, & \text{if } |\beta_j| \geqslant a\lambda.\end{cases} \tag{1.3}$$

这个惩罚是一个二次样条函数，节点位于 λ 和 $a\lambda$。基于贝叶斯统计增广和模拟实验，他们建议 $a=3.7$。SCAD 惩罚在$(-\infty,0)\cup(0,\infty)$范围内是连续可微的，在 0 处是奇异的，在区间$[-a\lambda,a\lambda]$之外的导数为零。小系数趋向于 0，较大系数被保留下来。对于大系数，SCAD 惩罚可以产生连续性、稀疏性和无偏估计。Buhlmann 和 Meier[43]等人建议采用多步局部线性逼近来改善解的稀疏性。Kim 等人[44]提出了一种总是收敛到局部极小的快速有效方法。他们也证明了 SCAD 估计在高维问题上具有 oracle 性质。

2）自适应 Lasso

虽然一致性是 Lasso 特征选择的关键，但是在文献[32]中已经证明了所得到的解只有在一定的条件下才是一致的。Zou[36]推导了 Lasso 实现变量一致性的必要条件。换言之，在许多情况下，Lasso 执行的变量选择问题是不一致的。通过对 Lasso 惩罚项的调整，Zou[36]提出了一种自适应 Lasso 模型。自适应 Lasso 惩罚是一个加权 Lasso 惩罚项 $\lambda\sum_{j=1}^{p}\hat{w}_j\,|\beta_j|$。$\hat{w}_j=1/|\hat{\beta}_j^{ols}|^{\gamma}(\gamma>0)$ 为第 j 个系数 β_j 的权重。$\hat{\beta}_j^{ols}$ 由普通最小二乘估计得到。与经典 Lasso 相比，自适应 Lasso 通过对不同的系数加权进而自适应的选择特征。Huang 等人[45]在某些特定的假设下，证明了自适应 Lasso 在一定意义上[35,46]具有 oracle 属性。Yuan 和 Lin[47]证明了自适应 Lasso 解的一致性，并证明了自适应 Lasso 解的路径是分段线性的，这些解可以被有效地计算。当 $0<q<1$ 时，自适应 Lasso 为 L_q 惩罚，近似于凸的，因此自适应 Lasso 具有 oracle 的属性。

3）松弛 Lasso

由于 Lasso 的求解算法对高维数据的收敛速度慢，松弛 Lasso 估计子和两阶段方法被提出[37]。一组预测子特征 $M_{\lambda}: M_{\lambda}=\{k\,|\,\hat{\beta}_k\neq 0\}$ 首先被定义在(1.2)中的 Lasso 模型选择。此后，使用松弛 Lasso 选择特征。松弛 Lasso 采用

$\frac{1}{2}\|y-X\{\beta\cdot 1_{M_\lambda}\}\|_2^2$ 和 $\varphi\lambda\|\beta\|_1$ 分别作为损失项和惩罚项。1_M 为在 $M_\lambda\subseteq\{1,2,\cdots,p\}$ 范围内的指示函数。对于 $j\in\{1,\cdots,p\}$，$\{\beta\cdot 1_{M_\lambda}\}_j=\beta_j$ 若 $j\in M_\lambda$，否则 $\{\beta\cdot 1_{M_\lambda}\}_j=0$。$\varphi$ 调节系数的收缩。当 $\varphi=1$ 时，松弛 Lasso 的惩罚项与 Lasso 相同。对于双重的系数收缩，得到的解更加稀疏。换言之，松弛 Lasso 减少了与目标变量对应的回归系数的压缩程度，松弛 Lasso 可以在高维数据上得到更精确的预测精度。

4) Dantzig Selector(DS)

用于特征数目大于样本数目的特征选择问题，Candes 等人[38]提出了 DS 模型，该模型使用了一个 L_∞ 范数来替换(1.1)中的损失项。他们也证明了全路径搜索的正则化参数 λ 比固定正则化参数具有更高的预测精度。此外，他们还提出了用于 DS 的 PDIP(原始 一对偶内点)方法。DS 和 Lasso 具有一些共同的统计特性，如真正的稀疏模式的恢复。然而，DS 的鲁棒性并不比 Lasso 好。Bickel 等人[48]比较了 DS 和 Lasso 的理论性质。Asif[49]讨论了 Lasso 估计子与 DS 估计子的等价条件。

5) 最小绝对偏差－Lasso(LAD-Lasso)

因为 Lasso 对异常值和重尾误差很敏感，Wang 等人[39]结合最小绝对偏差(Least Absolute Deviation，LAD)回归和 Lasso 惩罚，提出了 LAD-Lasso 模型。LAD-Lasso 模型的损失项为 $\|y-X\beta\|_1$，惩罚项为 $\sum_{j=1}^{p}\lambda_j|\beta_j|$，其中参数为 λ_j，在实际应用中可被估计为 $\dot{\lambda}_j=\log(n)/(n|\tilde{\beta}_j|)$。$\tilde{\beta}_j$ 是非惩罚 LAD 估计子。LAD-Lasso 能够进行回归收缩和特征选择，对异常值和重尾误差不敏感。然而，LAD-Lasso 对杠杆点不具有抵抗力。Arslan[50]提出了加权 LAD-Lasso 模型，其是能对杠杆点具有鲁棒性的回归估计。Gao 等人[51]分析了 LAD-Lasso 的性质及其一致性条件。

6) 极大极小凹惩罚算子(MCP)

基于 Lasso，Zhang[40]提出了极大极小凹惩罚算子(Minimax Concave Penalty，MCP)正则化模型，其惩罚项为 $\sum_{j=1}^{p}\varphi_\lambda(\beta_j)$。$\varphi_\lambda(\cdot)$ 可被定义为：

$$\varphi_\lambda(\beta_j)=\begin{cases}\lambda|\beta_j|-\dfrac{|\beta_j|^2}{2a}, & \text{if } |\beta_j|\leqslant a\lambda;\\ \dfrac{a\lambda^2}{2}, & \text{if } |\beta_j|>a\lambda.\end{cases}\tag{1.4}$$

其中 $a>1$ 和 $\lambda \geqslant 0$。文献[52]中的数值结果表明，在 MCP、SCAD 和 Lasso 对比中，MCP 总可得到最优解。MCP 和 SCAD 的惩罚项都是凹的或非凸的，它们试图去除模型中不重要的特征，并保持模型中重要的特征，也就是它们具有 oracle 性质。

7) 平方根 Lasso(SRL)

参数 λ 在 Lasso 中的最优值依赖于噪声水平 σ。当 $p>n$ 时，精确估计 σ 的问题与原始特征选择问题一样困难。Belloni 等人[41]提出了平方 Lasso (Square-Root Lasso, SRL)模型，其损失项为 $\| y-X\beta \|_2$，这个损失项最先是被 Owen 等人[53]提出来的。Belloni 等人[41]研究了 SRL 估计子的理论估计和预测精度。结果表明，当 p 较大，特别是 $p>n$ 时，可以得到与 σ 无关的最优调优序列，从而证明了 SRL 的重要作用。Sun 等人[54]提出了一个 Scaled Lasso 模型，其与 SRL 具有很强的相关性。

8) Uncorrelated Lasso (ULasso)

对于互不相关的特征，Chen 等人[42]提出了 ULasso 模型。ULasso 具有与 Lasso 相同的损失项，惩罚项为 $\lambda_1 \| \beta \|_1 + \lambda_2 \beta^{\mathrm{T}} C \beta$。$C=R \odot R$ 为平方相关系数矩阵，$\odot$ 表示矩阵的 Hadamard 积。$c_{kl}=r_{kl}^2$ 和 $r_{kl} \in [-1,1]$ 为在 $R_{p \times p}$ 中的第 (k,l) 个元素。r_{kl} 为第 k 个和第 l 个以 0 中心化特征的相关系数，被定义为：$r_{kl}=\dfrac{\sum_{i=1}^{n} x_{ki} x_{li}}{\sqrt{\sum_{i=1}^{n} x_{ki}^2} \sqrt{\sum_{i=1}^{n} x_{li}^2}}$。通过使用 C 而不是 R 来消除特征之间的反相关性。在每个强相关组中，只有一个特征被选中，而其他特征没有被选中。ULasso 的回归系数和 Lasso 的回归系数一样稀疏，非零系数对应于相关性最小的特征。由于 ULasso 选择的是不相关的特征，而非相关的特征，因此它可以看作是一个独立稀疏学习模型。其他一些类似的模型，如独立可解释 Lasso[55]，协变量相关 Lasso[56]以及高阶协变量交互 Lasso[57]也相继被提出。

综上所述，独立线性稀疏模型的主要优点在于：(i)同时进行特征选择和参数估计。(ii)对于高维背景下的特征选择的计算是可行的。这些模型的缺点是：(i)特征之间的惩罚和相关性是独立的，特别是当 $p \gg n$ 时，这总是导致不是非常满意的特征选择结果。(ii)无法利用特征之间的相关结构。独立线性模型已经应用到各个领域，例如统计学[58]，生物信息学[52]以及压缩感[59]。

1.2.2.2 非线性模型

与线性回归模型相比，非线性模型的损失项是一个非线性函数。这些函数的第一类是通过引入核函数，其非线性响应变量表示为：$y=\beta_0+\sum_{j=1}^{p}\beta_j\varphi(x_{(j)})$，其中$\varphi(\cdot)$是原始数据$X$与高阶项和相互作用的(非线性)函数，例如$x_{(i)}^2, x_{(i)}^{\mathrm{T}}x_{(j)}$。为了获得$\hat{\beta}$，非线性函数通过分段多项式、样条函数或核函数进行变换。此外，通过引入链接函数$g(\cdot)$，可以将非线性响应变量转换为广义线性模型，如下所示：$g(E(y\mid x))=\beta_0+\sum_{j=1}^{p}\beta_j x_{(j)}$。表1.2中列出了常见的非线性模型。

表1.2 经典的非线性模型对比

模型	损失项 $L(y,\beta)$	惩罚项 $R(\lambda,\beta)$	参数范围
FWKL[60]	$\frac{1}{2}\Vert\varphi(y)-\sum_{j=1}^{p}\beta_j\varphi(x_{(j)})\Vert_2^2$	$\lambda\Vert\beta\Vert_1$	$\lambda\geqslant 0$
SpAM[61]	$\frac{1}{2}\Vert y-\sum_{j=1}^{p}\Psi_j\beta_j\Vert_2^2$	$\lambda\sum_{j=1}^{p}\sqrt{\frac{1}{n}\Vert\Psi_j\beta_j\Vert_2^2}$	$\lambda\geqslant 0$
HSIC Lasso[62]	$\frac{1}{2}\Vert\bar{L}-\sum_{j=1}^{p}\beta_j\bar{K}^{(j)}\Vert_F^2$	$\lambda\Vert\beta\Vert_1$	$\lambda\geqslant 0$
LLR[27]	$-\sum_{i=1}^{n}\{y_i x_i^{\mathrm{T}}\beta-\log(1+\exp(x_i^{\mathrm{T}}\beta))\}$	$\lambda\Vert\beta\Vert_1$	$\lambda\geqslant 0$
LCPHR[63]	$-\sum_{r\in D}(x_r^{\mathrm{T}}\beta-\log\sum_{j\in R_r}\exp(x_j^{\mathrm{T}}\beta))$	$\lambda\Vert\beta\Vert_1$	$\lambda\geqslant 0$
LPR[64]	$-\sum_{i=1}^{n}(y_i x_i^{\mathrm{T}}\beta-\exp(x_i^{\mathrm{T}}\beta)-\ln y_i!)$	$\lambda\Vert\beta\Vert_1$	$\lambda\geqslant 0$
SLR$-L_{1/2}$[65]	$-\sum_{i=1}^{n}\{y_i\log(f(x_i^{\mathrm{T}}\beta))+(1-y_i)\log(1-f(x_i^{\mathrm{T}}\beta))\}$	$\lambda\sum_{j=1}^{p}\vert\beta_j\vert^{1/2}$	$\lambda\geqslant 0$

1) 特征方面的核 Lasso(FWKL)

核函数通常是用来解决非线性问题的。为了实现特征稀疏性，特征方面的

Lasso(Feature-Wise Kernelized Lasso,FWKL) 模型被提出[60]。一个基于特征方面核的过程,而不是一个基于实例的方法[66],是用于将特征向量 $x_{(j)}$ 和输出向量 y 转换为非线性函数 $\varphi(\cdot)$ 的非线性转换。FWKL 可以被表达 $\hat{\beta}=\operatorname{argmin}_{\beta}\in R^{p}\left\{\frac{1}{2}\|\varphi(y)-\sum_{j=1}^{p}\beta_j\varphi(x_{(j)})\|_2^2+\lambda\|\beta\|_1\right\}$。通过使用文献[67]中的核方法,FWKL 可以等价地表示为二次规划问题,以便更容易地获得 $\hat{\beta}$: $\min_{\beta\in R^p}\ \frac{1}{2}\beta^{T}D\beta$ 受约束 $|\beta^{T}d_{(j)}-D(x_{(j)},y)|\leqslant\lambda/2,\ \forall j$ 其中 $D_{j,l}=\varphi(x_{(j)})^{T}\varphi(x_{(l)})=D(x_{(j)},x_{(l)}),D=[d_{(1)},\cdots,d_{(p)}]$。该模型也被称为特征向量机(FVM),它是在快速嫁接算法的基础上扩展而来的。由于 FVM 使用了一个 $p\times p$ 维的 Hessian 矩阵 D,它非常适合样本数 n 远大于特征数 p 的情况。因此,对于具有高维数据的非线性情况下的特征选择问题通常是低效的。

2) 稀疏可加模型(SpAM)

稀疏可加模型(Sparse Additive Model,SpAM)模型可用于高维非参数回归和特征选择[61,68,69],损失项为 $\frac{1}{2}\|y-\sum_{j=1}^{p}\Psi_j\beta_j\|_2^2$,惩罚项 $\lambda\sum_{j=1}^{p}\sqrt{\frac{1}{n}\|\Psi_j\beta_j\|_2^2}$。$\beta_j=(\beta_{j1},\cdots,\beta_{jn})^{T}(j=1,\cdots,p)$ 为回归系数向量,β_{jk} 是基向量的一个系数 $(\Psi(x_{j1},x_{ik}),\cdots,\Psi(x_{jn},x_{jk}))^{T}$。用反向拟合法可以有效地解决这一凸优化问题[61]。SpAM 与分层多核学习高度相关[70],由于采用了稀疏可加模型,采用了交替稀疏诱导正则化。SpAM 模型的潜在弱点在于:(i)它只处理可加模型,对非可加模型无效;(ii)SpAM 的优化的计算代价通常比较大。

3) 希尔伯特—施密特独立准则 Lasso(HSIC Lasso)

Yamada 等人[62]提出了希尔伯特—施密特独立准则(Hilbert—Schmidt Indepe—ndence Criterion,HSIC)Lasso 模型,这是基于 Hilbert—Schmidt 独立性准则的非线性特征方法的另一种实现方式: $\min_{\beta\in R^p}\left\{\frac{1}{2}\|\bar{L}-\sum_{j=1}^{p}\beta_j\bar{K}^{(j)}\|_F^2+\lambda\|\beta\|_1\right\}$ 受约束于 $\beta_1,\cdots,\beta_p\geqslant 0$。$\|\cdot\|_F$ 为 Frobenius 范数。$\bar{K}^{(j)}=\Gamma K^{(j)}\Gamma$ 和 $\bar{L}=\Gamma L\Gamma$ 为中心 Gram 矩阵。$K_{i,k}^{(j)}=K(x_{j,i},x_{j,k})$ 和 $L_{i,k}=L(y_i,y_k)$ 为 Gram 矩阵。K 和 L 为核函数。$\Gamma=I_n-$

$\frac{1}{n}1_n 1_n^{\mathrm{T}}$ 是中心矩阵。I_n 是一个 n 维的单位矩阵。1_n 是一个所有元素都是1的 n 维向量。与其他稀疏学习模型不同的是，HSIC Lasso 使用了 β 的非负元素来选择重要特征。该模型能有效地得到全局最优解，从而使模型能够扩展到高维问题中的应用。

4) L_1 正则化逻辑回归(LLR)

逻辑回归旨在建立响应或类变量的后验概率模型 Y。令 $P(Y=k|x_i)$ 为 X 中的输入元素的线性组合的转换。对于 K 类问题，存在 $K-1$ 个逻辑模型：$\log\frac{P(Y=k|x_i)}{P(Y=K|x_i)}=\beta_0^{(k)}+x_i^{\mathrm{T}}\beta^{(k)}, k=1,\cdots,K-1$。$\beta_0^{(k)}$ 为截距，$\beta^{(k)}$ 是一个 $p\times 1$ 维的未知系数向量。另外，$x_i^{\mathrm{T}}\beta^{(k)}=0$，这是因为第 K 类是一个参考组。样本 i 属于第 k 类的概率为 $P(Y=k\mid x_i)=\frac{\mathrm{e}^{\beta_0^{(k)}+x_i^{\mathrm{T}}\beta^{(k)}}}{1+\sum_{i=1}^{k}\mathrm{e}^{\beta_0^{(l)}+x_i^{\mathrm{T}}\beta^{(l)}}}(k=1,\cdots,K-1)$ 和 $P(Y=K\mid x_i)=1-\sum_{k=1}^{K-1}P(Y=k\mid x_i)$。

L_1 正则化逻辑回归(L_1-regularized Logistic Regression，LLR)也被称为稀疏逻辑回归，最先被 Tibshirani[27] 提出。其惩罚项可见表1.2。LLR 在有监督学习的背景下对噪声和分类器通用性具有鲁棒性。然而，当处理高维问题时，它的计算成本很高。后来，Krishnapuram 等人[71] 提出了稀疏多项式逻辑回归的一种新方法。Tian 等人[72] 提出了二元 L_1 正则化逻辑回归和多项式问题的二次下界方法。最近，一种改进的逻辑回归模型[73] 可以在训练过程中选择相关特征和信息均衡样本。

5) L_1 正则化 Cox 比例风险回归(LCPHR)

Tibshirani[63] 提出了 L_1 正则化 Cox 比例风险回归 (L_1-regularized Cox Proportional-hazards Regression，LCPHR) 模型。最初的 Cox 比例风险模型是为生存数据建模而提出的[74]。i^{th} $(i=1,\cdots,n)$ 样本中的数据表示为 $(y_i,\delta_i,x_i)_{i=1}^{n}$。$\delta_i$ 是审查指标。若 $\delta_i=1$，y_i 是生存时间；若 $\delta_i=0$，y_i 只是审查时间。风险函数的 Cox 回归模型为：$h(t|\beta)=h_0(t)\exp(X\beta)$，其中 $h_0(t)$ 是未指定或未知的基线危险函数。LCPHR 的损失项为 $-\sum_{r\in D}(x_r^{\mathrm{T}}\beta-\log\sum_{j\in R_r}\exp(x_j^{\mathrm{T}}\beta))$，其中 $D=\{r\mid\delta_r=1\}$ 和 $R_r=\{j\mid y_j\geqslant y_r\}$。Gui 和

Li[75]提出了一种能有效求解 LCPHR 的 LARS-Cox 方法。LCPHR 能够有效地同时分析多种因素对生存的影响。

6) L_1 正则化泊松回归(LPR)

泊松回归模型[76]已广泛应用于医学、经济学和社会科学中的数据统计。随机变量 Y 是事件在泊松分布之后的期望时间 μ：$P(Y=y_i|\mu)=\frac{e^{(-\mu)}\mu^{y_i}}{y_i!}$，$y_i=0,1,\cdots$，和 $E(Y)=\mathrm{Var}(Y)=\mu$。假设 $X_{n\times p}$ 是一个观测矩阵，其是由 p 个独立的变量经过 n 次观察得到的。通过引入连接函数，Poisson 回归模型可以表示为 $P(Y=y_i|\mu)=\ln(\mu)=X\beta$。系数 β_i 可解释为每单位增加 x_i 时，Y 的期望值将变为原来的 e^{β_i} 倍。LPR(L_1-regularized Poisson Regression) 模型的损失项为 $-\sum_{i=1}^{n}(y_i x_i^{\mathrm{T}}\beta-\exp(x_i^{\mathrm{T}}\beta)-\ln y_i!)$，$L_1$ 范数为惩罚项，LPR 模型的解可以通过文献[64]中的方法获得。LPR 分析协变量对计数数据的影响是非常有效的。

7) $L_{1/2}$ 正则化稀疏逻辑回归（SLR-$L_{1/2}$）

Liang 等人[65]提出了 $L_{1/2}$ 正则化稀疏逻辑回归（Sparse Logistic Regression with $L_{1/2}$ Penalty，SLR-$L_{1/2}$）模型并将其应用到癌症分类中的基因(特征)选择。损失项为 $-\sum_{i=1}^{n}\{y_i\log(f(x_i^{\mathrm{T}}\beta))+(1-y_i)\log(1-f(x_i^{\mathrm{T}}\beta))\}$ 和惩罚项为 $\lambda\sum_{j=1}^{p}|\beta_j|^{1/2}$。$f(\tau)=e^{\tau}/(1+e^{\tau})$ 为一个分类器。对于 $L_q(0<q<1)$ 范数，较低的 q 值意味着更稀疏和更好的解。然而，当 q 接近零时，计算 $\hat{\beta}$ 的过程很难收敛。Xu 等人[77]分析了 $L_q(0<q<1)$ 惩罚的性质并揭示了 $L_{1/2}$ 惩罚的独特性。与 L_1 惩罚相比，$L_{1/2}$ 惩罚在 $1/2<q<1$ 时产生稀疏的结果，并且具有良好的收敛性。当 $0<q<1/2$ 时，L_q 惩罚的性能没有显著差异。$L_{1/2}$ 惩罚比 L_0 惩罚更容易解决。他们证明了 $L_{1/2}$ 惩罚函数具有许多理想的性质，如无偏性、稀疏性和 oracle 性质。

综上所述，非线性稀疏模型适用于非线性输入和输出关系的情况。然而，非线性稀疏模型通过迭代计算过程而不是一次计算过程来计算系数向量，这导致非线性模型的算法比线性模型的算法慢得多。非线性稀疏模型已被应用在生物信息学中(SpAM[68]，LLR[78]，LCPHR[75]，SLR-$L_{1/2}$[65])和图像重建中[80]。

1.2.3 组稀疏特征选择

上述独立稀疏学习模型所选择的特征可以看作是独立的特征(顶点),而特征之间(边)没有任何交互作用。在实际应用中,数据之间存在着许多组特征结构。例如,在众多回归问题中,所要选择的重要变量可能不仅仅是一个单一的变量,其可能是以组的形式出现。最常见的例子如,多因素方差分析(ANOVA)和具有多项式或无参元素的可加模型。另一方面,在某些情况下特征间是存在某种联系的,而这些有联系的特征可以作为一个整体来分析。例如,从生物学角度讲,诸如癌症、人类免疫缺陷病毒(HIV)和心脏病等复杂疾病是由基因通路(pathway)的突变引起的。特征之间的交互具有不同的强度(边权重),这意味着相关特征可以形成一个图。根据图的强度,可以将图划分为不同的组(或子图)。具有相似强度的特征被划分在同一个组中。由于很少明确给出特征之间的相关强度或权重,因此如何对特征进行分组对于特征选择的性能至关重要。针对组特征选择问题,许多具有分组效应的稀疏模型已被提出。通常有两种类型:自动分组效应和结构分组效应。虽然这类具有分组效应的稀疏模型也有线性和非线性两种,但在本小节中我们致力于具有分组效应的稀疏回归模型。

1.2.4 具有自动分组效应的稀疏模型

具有自动分组效应的稀疏模型通过估计系数向量 $\hat{\beta}$ 来实现对强相关特征的选择,这些模型中的特征分组是自动实现的。只有在高度相关的特征上才能达到特征选择分组的效应。表格 1.3 列出了一些常见的具有自动分组效应的稀疏模型。

表 1.3　具有自动分组效应的重要稀疏模型对比

模型	损失项 $L(y,\beta)$	惩罚项 $R(\lambda,\beta)$	参数范围
弹性网络[81]	$\frac{1}{2}\lVert y-X\beta\rVert_2^2$	$\lambda((1-\alpha)\lVert\beta\rVert_2^2+\alpha\lVert\beta\rVert_1)$	$\lambda\geqslant 0,\alpha\in[0,1]$
自适应弹性网络[82]	$\frac{1}{2}\lVert y-X\beta\rVert_2^2$	$\lambda_2\lVert\beta\rVert_2^2+\lambda_1^*\sum_{j=1}^{p}\hat{w}_j\lvert\beta_j\rvert$	$\lambda_2,\lambda_1^*>0$

续表

模型	损失项 $L(y,\beta)$	惩罚项 $R(\lambda,\beta)$	参数范围
PEN[83]	$\frac{1}{2}\Vert y-X\beta\Vert_2^2$	$\lambda\vert\beta\vert^{T}P\vert\beta\vert$	$\lambda\geqslant 0$
融合 Lasso[84]	$\frac{1}{2}\Vert y-X\beta\Vert_2^2$	$\lambda_1\Vert\beta\Vert_1+\lambda_2\sum_{j=2}^{p}\vert\beta_j-\beta_{j-1}\vert$	$\lambda_1,\lambda_2\geqslant 0$
OSCAR[85]	$\frac{1}{2}\Vert y-X\beta\Vert_2^2$	$\lambda(\Vert\beta\Vert_1+c\sum_{j<k}\max\{\vert\beta_j\vert,\vert\beta_k\vert\})$	$\lambda,c\geqslant 0$
WF[86]	$\frac{1}{2}\Vert y-X\beta\Vert_2^2$	$\lambda_1\Vert\beta\Vert_1+\frac{\lambda_2}{p}\sum_{i<j}w_{ij}(\beta_i-s_{ij}\beta_j)^2$	$\lambda_1,\lambda_2\geqslant 0$
迹 Lasso[87]	$\frac{1}{2}\Vert y-G(\beta)\Vert_2^2$	$\lambda\Vert X\mathrm{diag}(\beta)\Vert_*$	$\lambda\geqslant 0$
PACS[88]	$\frac{1}{2}\Vert y-X\beta\Vert_2^2$	$\lambda(\sum_{j=1}^{p}w_j\vert\beta_j\vert+\sum_{j<k}w_{jk(-)}\vert\beta_k-\beta_j\vert+\sum_{j<k}w_{jk(+)}\vert\beta_j+\beta_k\vert)$	$\lambda\geqslant 0$
SHIM[89]	$\frac{1}{2}\Vert y-G(\beta)\Vert_2^2$	$\lambda_\beta\Vert\beta\Vert_1+\lambda_\gamma\Vert\gamma\Vert_1$	$\lambda_\beta,\lambda_\gamma\geqslant 0$
CEN[90]	$\frac{1}{2}\Vert y-X\beta\Vert_2^2$	$\lambda_1\Vert\beta\Vert_1+\frac{\lambda_2}{2}\sum_{k=1}^{m}\frac{1}{\vert C_k\vert}\sum_{j,l\in C_k}\Vert x_{(j)}\beta_j-x_{(l)}\beta_l\Vert_2^2$	$\lambda_1,\lambda_2\geqslant 0$

1）弹性网络

Zou 和 Hastie[81]提出了两个基于 L_1 和 L_2 的平方组合惩罚的模型。第一个模型 $\hat{\beta}(nen)$被称为朴素弹性网络，其惩罚项为 $\lambda_2\Vert\beta\Vert_2^2+\lambda_1\Vert\beta\Vert_1$。由于回归系数被 L_1 范数和岭罚（L_2 范数）压缩了两次，使得朴素弹性网络模型的估计偏差较大。为此，他们提出了一种计算弹性网络正则化全路径的 LARS－EN 方法。第二个模型 $\hat{\beta}(en)$性网络，其惩罚项为 $\lambda((1-a)\Vert\beta\Vert_2^2+a\Vert\beta\Vert_1)$。针对弹性网络模型，他们也提出了顺向坐标下降法来求解弹性网络模型。此外，Zou 和 Zhang[82]构造了自适应弹性网络模型 $\hat{\beta}(\mathrm{aen})$如下所示：$\hat{\beta}(\mathrm{aen})=(1+\frac{\lambda_2}{n})\mathrm{argmin}_{\beta\in R^p}\{L(y,\beta)+R(\lambda,\beta)\}$。惩罚项中的自适应权重为 $\hat{w}_j=(\vert\hat{\beta}_j(en)\vert)^{-\gamma}$ $(j=1,\cdots,p;\gamma>0)$。自适应弹性网络保证了变量选择的一致性和渐近正态性。基于自适应弹性网络，Xiao 和 Xu[91]提出了多步自适应弹性网络估计方法。虽然在弹性网络模型中考虑了不同特征之间的相关性，但尚未研究相关特征之间

的强度。为此,Lorbert 等人[83]提出了惩罚项为 $\lambda|\beta|^{\mathrm{T}}P|\beta|$ 的成对弹性网络(Pairwise Elastic Net,PEN)模型,其中 P 是含有非负元素的半正定矩阵。

2) 融合 Lasso

最简单的分组过程之一是按原始顺序将所有特征排序成一个序列,在此基础上 Tibshirani 等人[84]提出融合 fused Lasso 模型。融合 Lasso 使用 $\lambda_1\|\beta\|_1+\lambda_2\sum_{j=2}^{p}|\beta_j-\beta_{j-1}|$ 作为惩罚项,其通过 $\lambda_1\|\beta\|_1$ 激励系数的稀疏性,并通过 $\lambda_2\sum_{j=2}^{p}|\beta_j-\beta_{j-1}|$ 激励系数之间的差异。当特征数 p 远大于样本数 n 时,融合 Lasso 的效果是特别显著的。融合 Lasso 所获得的解序列 $\hat{\beta}_1,\cdots,\hat{\beta}_p$ 总是分段常数,导致相邻回归系数的绝对值几乎相等。因此,它可以自动聚类相邻特征。自适应融合 Lasso 模型[92]与具有相同计算复杂度的融合 Lasso 相比,具有更好的渐近性质。聚类 Lasso 模型[93]改进融合 Lasso,以考虑 β 中所有成对元素之间的差异。

3) 基于八角收缩和聚类算法的回归模型(OSCAR)

基于八角收缩和聚类算法的回归模型(Octagonal Shrinkage and Clustering Algorithm for Regression,OSCAR)是被 Bondel 和 Reich[85]提出的,OSCAR 的惩罚项为 $\lambda(\|\beta\|_1+c\sum_{j<k}\max\{|\beta_j|,|\beta_k|\})$ 。他们指出这个惩罚项等价于 $\lambda\sum_{j=1}^{p}\{c(j-1)+1\}|\beta|_{(j)}$,其中 $|\beta|_{(1)}\leqslant|\beta|_{(2)}\leqslant\cdots\leqslant|\beta|_{(p)}$。OSCAR 模型可以实现正相关特征和负相关特征的自动分组效应。然而,OSCAR 的计算复杂度相当大。Zhong 和 Kwok[94]提出了一种基于加速梯度法的 OSCAR 模型求解方法。

4) 加权融合模型(WF)

另一个可以处理相关特征的数据的模型是加权融合模型(Weighted Fusion,WF)[86],它将融合 Lasso 的惩罚项扩展为 $\lambda_1\|\beta\|_1+\frac{\lambda_2}{p}\sum_{i<j}w_{ij}(\beta_i-s_{ij}\beta_j)^2$,其中 $s_{ij}=\mathrm{sgn}(\rho_{ij})$ 为 ρ_{ij} 的符号,$\rho_{ij}=x_{(i)}^{\mathrm{T}}x_{(j)}$ 是特征之间的相关系数,$w_{ij}=\frac{|\rho_{ij}|^{\gamma}}{1-|\rho_{ij}|}(\gamma>0)$ 为非负权重。WF 模型可以隐式地获得相关特征之间的关联信息冗余,用于参数估计和特征选择。此外,WF 模型还可以实现正相关和负相关特征的自动分组效应。

5）迹 Lasso

Edouard 等人[87]构造了惩罚项为 $\lambda \| X\mathrm{diag}(\beta) \|_*$ 的迹 Lasso 模型。迹范数 $\| \cdot \|_*$ 表示矩阵所有特征值之和，当全部变量两两都不相关且设计矩阵被单位化时，迹范数退化为范数，此时倾向于实现解的稀疏性，当全部变量两两完全相关且设计矩阵被单位化时，迹范数退化为范数。diag(β)是对角线矩阵，其中对角线元素是 β 的组件。当所有特征正交时，迹范数退化为 L_1 范数，迹 Lasso 趋向于获得稀疏解。当特征强相关时，迹范数的形式类似于 L_2 范数，并且趋向于实现自动分组效应。不同于弹性网络在没有自适应分组效应的情况下，盲目地在每个方向上添加一个平方的 L_2 范数项，迹 Lasso 通过精确地在所需方向上添加强凸性来利用特征之间的相关性。也就是说，迹 Lasso 根据特征之间的相关性自适应地改变自动分组效应。在文献[95]中提出了一种新的基于迹 Lasso 的方法，通过充分利用视觉特征相关性而不是标签先验知识来自动学习判别词典。

6）成对绝对聚类与稀疏性模型(PACS)

非 oracle 特性、非数据自适应加权、计算量大等性质限制了 OSCAR 在某些方面的应用。Sharma 等人[88]提出了成对绝对聚类与稀疏性模型(Pairwise Absolute Clustering and Sparsity，PACS)模型，其惩罚项为 $\lambda(\sum_{j=1}^{p} w_j |\beta_j| + \sum_{j<k} w_{jk(-)} |\beta_k - \beta_j| + \sum_{j<k} w_{jk(+)} |\beta_j + \beta_k|)$。三种加权方法被提出：(i)数据自适应加权：令 $\tilde{\beta}$ 为一个 β 的$\sqrt{n}$一致估计子(即 OLS 估计子[32])。$w_j = |\tilde{\beta}_j|^{-\alpha}$，$w_{jk(-)} = |\tilde{\beta}_k - \tilde{\beta}_j|^{-\alpha}$ 以及 $w_{jk(+)} = |\tilde{\beta}_k + \tilde{\beta}_j|^{-\alpha}$，其中 $\alpha > 0$ 和 $1 \leqslant j < k \leqslant p$。(ii)合并相关性：受到文献[96]的启发，合并相关加权策略为 $w_j = 1$，$w_{jk(-)} = (1 - r_{jk})^{-1}$ 以及 $w_{jk(+)} = (1 + r_{jk})^{-1}$($1 \leqslant j < k \leqslant p$)。虽然这种策略无法阻止不相关的特征具有相等的系数，但它们能够激励高度相关的成对特征具有相等的系数。结合这些相关项的自适应权重被构造为 $w_j = |\tilde{\beta}_j|^{-1}$，$w_{jk(-)} = (1 - r_{jk})^{-1} |\tilde{\beta}_k - \tilde{\beta}_j|^{-1}$，$w_{jk(+)} = (1 + r_{jk})^{-1} |\tilde{\beta}_k + \tilde{\beta}_j|^{-1}$。(iii)相关阈值：此策略考虑相关阈值：$w_j = 1$，$w_{jk(-)} = I(r_{jk} > c)$和 $w_{jk(+)} = I(r_{jk} < -c)$($1 \leqslant j < k \leqslant p$)，其中 $I(\cdot)$为指示函数。该策略避免了小于阈值的成对相关的特征具有相同的系数。

7）强遗传交互模型(SHIM)

Choi 等人[89]提出了强遗传交互模型 (Strong Heredity Interaction Model,

SHIM)，其中回归模型考虑了特征之间的相互作用：$y = X\beta + \sum_{j\neq k}\gamma_{jk}\beta_k x_{(j)} x_{(k)}$。加性部分表示“主效应”项，二次部分表示“相互作用”项。估计了 β 和系数矩阵 $\gamma \in R_{p\times p}$。SHIM 模型可表达为 $\min_{\beta,\gamma}\frac{1}{2}\| y - X\beta - \sum_{j\neq k}\gamma_{jk}\beta_j\beta_k x_{(j)} x_{(k)} \|_2^2 + \lambda_\beta \|\beta\|_1 + \lambda_\gamma \|\gamma\|_1$，其中 $\|\gamma\|_1 = \sum_{j\neq k}|\gamma_{jk}|$。这里我们定 $G(\beta) = X\beta - \sum_{j\neq k}\gamma_{jk}\beta_j\beta_k x_{(j)} x_{(k)}$。另外两个不同的 SHIM 模型的变体为强分层 Lasso 和弱分层 Lasso[97]。他们的目标是从具有 $p + p(p+1)/2$ 主效应和交互特性的特征集中选择与响应高度相关的特征子集。SHIM 同时拟合回归模型并识别重要的交互作用的特征，这大大减少了搜索空间，对于 ANOVA 模型是有效的。

8) 簇弹性网络(CEN)

Witten 等人[90]提出了一个簇弹性网络（Cluster Elastic Net，CEN)模型，其能够选择性地收缩与相应向量相关且彼此高度相关特征的系数。CEN 可以减少这些特征系数的收缩。除了常用的损失项(最小二乘损失)外，CEN 的惩罚项如表 1.3 所示。实际上，$\frac{1}{2}\sum_{k=1}^{m}\frac{1}{|C_k|}\sum_{j,l\in C_k}\| x_{(j)}\beta_j - x_{(l)}\beta_l \|_2^2 = \sum_{k=1}^{m}\sum_{j\in C_k}\| x_{(j)}\beta_j - \frac{1}{|C_k|}\sum_{l\in C_k} x_{(l)}\beta_l \|_2^2$ 意味着 CEN 可以从数据中推测出特征的簇(聚类数)。$C_1,\cdots,C_m$ 表示 p 个特征被分为 m 个组的划分结果，即 $C_k \cap C_l = \varphi (k\neq l)$ 和 $C_1 \cup \cdots \cup C_m = \{1,\cdots,p\}$。通过在 $x_{(j)}\beta_j$ 值上执行 k 均值聚类，随着在 CEN 模型的求解过程中对特征组进行反复估计，并对 CEN 模型进行了相应的求解。基于上述估计的特征组，可以更精确地执行回归。当 $m=1$ 时，CEN 等价于弹性网络模型。

综上所述，具有自动分组效应的稀疏模型能够很好地处理特征间的共线性。在分组过程中自动选择或删除高度相关的特征。不需要关于特征之间相关性的先验知识。然而，尽管数据之间存在先验的相关结构，但大多数自动分组效应稀疏模型并不能使用这些已知的特征之间的相关性。或者一些模型只能利用特征间已有结构的特定或部分先验知识，往往导致这些模型的预测性能不理想。这种模型已被应用于各个领域，例如生物信息学[98−100]，计量经济学[101]，信号处理[102]以及计算机视觉[103]。

1.2.5 具有结构分组效应的稀疏模型

除了潜在的强度或特征之间的相关性外，数据的外部结构(例如不相交特征组，重叠特征组，图以及树)都是有助于特征选择的[104]。基于特征间的外部结构，这里将结构视为先验信息，基于这些外部结构很自然地能够建立具有结构分组效应的稀疏模型。具有结构分组效应的稀疏模型也可被称为结构稀疏模型。利用这些先验信息，结构稀疏模型可以选择具有较高预测性能的特征组。表 1.4 列出了一些目前比较流行的结构稀疏模型。

表 1.4　具有结构分组效应的重要稀疏模型对比

模型	损失项 $L(y,\beta)$	惩罚项 $R(\lambda,\beta)$	参数范围
组 Lasso[105]	$\frac{1}{2}\parallel y-\sum_{l=1}^{m}X^{(l)}\beta^{(l)}\parallel_2^2$	$\lambda\sum_{l=1}^{m}\sqrt{p_l}\parallel\beta^{(l)}\parallel_2$	$\lambda\geqslant 0$
标准组 Lasso[106]	$\frac{1}{2}\parallel y-\sum_{l=1}^{m}X^{(l)}\beta^{(l)}\parallel_2^2$	$\lambda\sum_{l=1}^{m}\sqrt{p_l}\parallel X^{(l)}\beta^{(l)}\parallel_2$	$\lambda\geqslant 0$
GSRL[107]	$\parallel y-\sum_{l=1}^{m}X^{(l)}\beta^{(l)}\parallel_2$	$\lambda\sum_{l=1}^{m}\sqrt{p_l}\parallel\beta^{(l)}\parallel_2$	$\lambda\geqslant 0$
$L_{\infty,1}$ 组 Lasso[108-110]	$\frac{1}{2}\parallel y-\sum_{l=1}^{m}X^{(l)}\beta^{(l)}\parallel_2^2$	$\lambda\sum_{l=1}^{m}\sqrt{p_l}\parallel\beta^{(l)}\parallel_\infty$	$\lambda\geqslant 0$
稀疏组 Lasso[18]	$\frac{1}{2}\parallel y-\sum_{l=1}^{m}X^{(l)}\beta^{(l)}\parallel_2^2$	$(1-\alpha)\lambda\sum_{l=1}^{m}\sqrt{p_l}\parallel\beta^{(l)}\parallel_2+\alpha\lambda\parallel\beta\parallel_1$	$\lambda\geqslant 0$, $\alpha\in[0,1]$
OGL[111]	$\frac{1}{2}\parallel y-X\beta\parallel_2^2$	$\lambda\sum_{g\in G}d_g\parallel v^g\parallel_2$	$\lambda\geqslant 0$
SOGL[112-115]	$\frac{1}{2}\parallel y-X\beta\parallel_2^2$	$\lambda_2\sum_{g\in G}d_g\parallel v^g\parallel_2+\lambda_1\sum_{g\in G}\parallel v^g\parallel_1$	$\lambda_1,\lambda_2\geqslant 0$
TSGL[116]	$\frac{1}{2}\parallel y-X\beta\parallel_2^2$	$\lambda\sum_{i=0}^{d}\sum_{j=1}^{n_i}w_j^i\parallel\beta_{G_j^i}\parallel_2$	$\lambda\geqslant 0$
图 Lasso[111]	$\frac{1}{2}\parallel y-X\beta\parallel_2^2$	$\lambda\sum_{e\in E}d_e\parallel v_e\parallel_2$	$\lambda\geqslant 0$
L_1 图 Lasso[104]	$\frac{1}{2}\parallel y-X\beta\parallel_2^2$	$\lambda\alpha\parallel\beta\parallel_1+\lambda(1-\alpha)\sum_{(i,j)\in E}\mid\beta_i-\beta_j\mid$	$\lambda\geqslant 0,\alpha\in[0,1]$
GFLasso[117]	$\frac{1}{2}\parallel y-X\beta\parallel_2^2$	$\lambda_1\parallel\beta\parallel_1+\lambda_2\sum_{(i,j)\in E}\mid\beta_i-\text{sign}(r_{ij})\beta_j\mid$	$\lambda_1,\lambda_2\geqslant 0$
GRACE[118-119]	$\frac{1}{2}\parallel y-X\beta\parallel_2^2$	$\lambda_1\parallel\beta\parallel_1+\lambda_2\beta^{\mathrm{T}}L\beta$	$\lambda_1,\lambda_2\geqslant 0$
WLPR[120]	$\frac{1}{2}\parallel y-X\beta\parallel_2^2$	$\lambda 2^{1/\gamma'}\sum_{i\sim j}p(\beta_i,\beta_j)$	$\lambda\geqslant 0,\gamma>1$, $1/\gamma'+1/\gamma=1$
GOSCAR[121]	$\frac{1}{2}\parallel y-X\beta\parallel_2^2$	$\lambda_1\parallel\beta\parallel_1+\lambda_2\sum_{(i,j)\in E}\max\{\mid\beta_i\mid,\mid\beta_j\mid\}$	$\lambda_1,\lambda_2\geqslant 0$

续表

模型	损失项 $L(y,\beta)$	惩罚项 $R(\lambda,\beta)$	参数范围
ncFGS[121]	$\frac{1}{2}\Vert y-X\beta\Vert_2^2$	$\lambda_1\Vert\beta\Vert_1+\lambda_2\sum_{(i,j)\in E}\Vert\beta_i\vert-\vert\beta_j\Vert$	$\lambda_1,\lambda_2\geqslant 0$
ncTFGS[121]	$\frac{1}{2}\Vert y-X\beta\Vert_2^2$	$\lambda_1 p_1(\beta)+\lambda_2 p_2(\beta)$	$\lambda_1,\lambda_2\geqslant 0$

1.2.5.1 不相交特征组

大多数特征的外部结构是不相交(不重叠)的组。特征被划分为互不相关的集合或组。例如,基因表达数据可能包含一些重要的相关结构,数据中的基因可以根据它们的生物学通路被划分成不同的组。将 p 个特征划分为 m 个不相交组,基于这些划分的组,结构稀疏模型可以实现组特征选择。

1) 组 Lasso

组 Lasso[105]是从 Lasso 扩展得到的模型,其可以在预先划分好的 m 个不同组上执行组特征选择,第 l 个组包含 p_l 个特征。输入矩阵 X 和系数向量 β 表示为 $X=(X^{(1)},\cdots,X^{(m)})$,$\beta=(\beta^{(1)\mathrm{T}},\cdots,\beta(m)^{\mathrm{T}})^{\mathrm{T}}$。$X^{(l)}$ 为 X 的子矩阵,对应于第 l 个组的预测子,其对应的系数向量为 $\beta^{(l)}$。为了简便起见,$X^{(l)}$ 是正交的,例如 $X^{(l)^{\mathrm{T}}}X^{(l)}=I_{pl}$,这可以通过 Gram-Schmidt 正交化来实现。不同的正交规范化使用不同的正交对比重新参数化 $X^{(l)}$,组 Lasso 的损失项 $\frac{1}{2}\Vert y-\sum_{l=1}^{m}X^{(l)}\beta^{(l)}\Vert_2^2$ 是 Lasso 的拓展,即 Lasso 的损失项是一种特殊情况下的具有 p 个特征组的组 Lasso。组 Lasso 的惩罚项 $\sum_{l=1}^{m}\Vert\beta^{(l)}\Vert_2$ 是一个 $L_{2,1}$ 范数,对于每个系数向量 $\beta^{(l)}$,在 0 点是奇异的,即 $\Vert\beta^{(l)}\Vert_2$ 在 $\beta^{(l)}=0$ 处不可微,这意味着不重要的特征组可以被组 Lasso 移除。模型中选择到的某个组意味着该组内的所有特征都被选择。

在一些实际假设下,文献[122]推导了组 Lasso 的一致性的充要条件。Wang 和 Leng[123]提出了利用自适应权值对不同分组系数进行惩罚的自适应组 Lasso 模型。Zhao 等人[124]提出了 iCAP 方法,当 $\gamma L>1$ 时,iCAP 使用特定的 $L_{\gamma l}$ 惩罚拓展组 Lasso 来执行组特征选择。Zhang 等人[125]提出了一种基于组 Lasso 惩罚的神经网络的嵌入式/集成特征选择方法。Meier 等人[126]将组 Lasso 推广到更适合高维数据的逻辑回归模型,该逻辑组 Lasso 对于稀疏底层结构的情况来说,在统计上是一致的,即使特征的数目远远大于样本的数目。

2）标准组 Lasso

虽然目前存在许多组 Lasso 模型，但理想的方法还是通过正交化使每组中的数据标准化。Simon 和 Tibshirani[106] 将组 Lasso[105] 视为非标准化的组 Lasso。他们提出了标准组 Lasso（Standardized Group Lasso）模型，其优点是设计矩阵不限制于正交性。标准组 Lassso 的惩罚项为 $\lambda\sum_{l=1}^{m}\sqrt{p_l}\parallel X^{(l)}\beta^{(l)}\parallel_2$。对于没有过度确定的组（即 $p_l\leqslant n$），标准组 Lasso 等价于组内的正交化。标准组 Lasso 解释了组内的正交规范化，也就是说，它等价于惩罚每组 $X^{(l)}\beta^{(l)}$ 的拟合而不是惩罚独立系数。标准组 Lasso 能够降低与组 Lasso 模型拟合相关的计算复杂度。

3）组平方根 Lasso（GSRL）

由于 SRL 非常适合于具有大量特征 p 的情况，因此在现实中得到了广泛的应用。Bunea 等人[107] 通过结合 $\frac{1}{2}\parallel y-\sum_{l=1}^{m}X^{(l)}\beta^{(l)}\parallel_2^2$ 损失和 $\lambda\sum_{l=1}^{m}\sqrt{p_l}\parallel\beta^{(l)}\parallel_2$ 惩罚提出了组平方根 Lasso（Group Square-Root Lasso，GSRL）模型。他们表明使用 $\parallel y-\sum_{l=1}^{m}X^{(l)}\beta^{(l)}\parallel_2$ 代替 $\parallel y-\sum_{l=1}^{m}X^{(l)}\beta^{(l)}\parallel_2^2$ 来估计 $\hat{\beta}$ 没有任何损失。在基本相同的条件下，GSRL 与组 Lasso 一样精确。GSRL 的调优参数 λ 不依赖于 σ 的值，这与组 Lasso 不同，组 Lasso 的调优参数 λ 是 σ 的函数。

4）$L_{\infty,1}$ 组 Lasso

$L_{\infty,1}$ 组 Lasso[108−110] 的惩罚项为 $\lambda\sum_{l=1}^{m}\sqrt{p_l}\parallel\beta^{(l)}\parallel_\infty$。$L_{\infty,1}$ 组 Lasso 的惩罚项对子向量 $\beta^{(l)}$ 先执行 L_∞ 的运算，然后执行 L_1 运算。$L_{\infty,1}$ 组 Lasso 等价于 $q=\infty$ 时的 $L_{q,1}$ 组 Lasso。$L_{q,1}$ 组 Lasso[127] 的惩罚项为 $\lambda\sum_{l=1}^{m}\sqrt{p_l}\parallel\beta^{(l)}\parallel_q$，其中 $1\leqslant q\leqslant\infty$。当 $q=1$ 时，$L_{q,1}$ 组 Lasso 将转化为 Lasso；当 $q=2$ 时，$L_{q,1}$ 组 Lasso 将转化为组 Lasso。

$L_{\infty,1}$ 组 Lasso 能有效促进组稀疏性。

5）稀疏组 Lasso（SGL）

组 Lasso 模型的提出实现了用相关联特征组分析问题的思想，其能够在组的水平上进行特征选择，但并不是每一组的特征都对分类都有贡献，也就是说每一个特征组中也可能存在冗余特征。为此,Simon 等人[18]提出的稀疏组 Lasso(Sparse Group Lasso,SGL)模型能够彻底解决这一问题,它首先从组的角度对特征进行选择,然后选择已选特征组内的重要特征。惩罚项为 $(1-a)\lambda\sum_{l=1}^{m}\sqrt{p_l}\parallel\beta^{(l)}\parallel_2+a\lambda\parallel\beta\parallel_1$,该惩罚项为 Lasso($a=1$)和组 Lasso($a=0$)的凸组合。当 $a\in(0,1)$时,稀疏组 Lasso 模型可以同时实现"组稀疏"和"组内稀疏",即其能够实现双层特征选择。

稀疏组 Lasso 模型结合了 Lasso 和组 Lasso 两种模型在进行特征选择时的特点,因而也被广泛地应用于实际问题中。Chatterjee 等人[128]把稀疏组 Lasso 应用在海洋气候数据上,构建陆地气候的预测值取得了很好的预测性能。Zhu 等人[129]提出了一个新的图稀疏组 Lasso 模型用来训练视频的视觉特征线性重构测试镜头的视觉特征。Zhao 等人[130]通过结合多模态深度神经网络与稀疏组 Lasso 进行异构特征选择,通过实验证明了在选择相关特征组方面是有效的,并取得了很好的分类性能。Zhou 等人[131]提出了一个逆稀疏组 Lasso 模型以实现对目标的鲁棒性实时跟踪。通过使用负对数似然损失,Martin 等人[12]提出了一种多项式稀疏组 Lasso 模型。Fang 等人[132]和 Li 等人[133]通过构造不同形式的自适应权重提出了自适应稀疏组 Lasso 模型。Xie 和 Xu[134]使用稀疏组 Lasso 模型来处理不确定数据。

1.2.5.2 重叠特征组

在许多应用中,特征之间的结构不能划分为不相交的组,例如,在有些微阵列基因表达数据中,一个基因可能同时被包含在多个组中。每一个这样的结构都被划分成重叠的组。将具有重叠组的特征结构作为先验信息,引入特征选择模型的惩罚项可被构造成重叠稀疏学习模型。

1) 重叠组 Lasso(OGL)

Jacob 等人[111]将 $\hat{\beta}$ 的支集视为 G 个组的并。矩阵 $V_G\in R^{p\times G}$ 包含$|G|$维向量 $\bar{v}=(v^g)_{g\in G}$。$\bar{v}$ 被视为潜在变量。重叠组 Lasso(Overlapping Group Lasso,OGL) 模型可被表达如下:

$$\begin{aligned}&\hat{\beta}=\underset{\beta\in R^p,\bar{v}\in V_G}{\operatorname{argmin}}\left\{\frac{1}{2}\parallel y-X\beta\parallel_2^2+\lambda\sum_{g\in G}d_g\parallel v^g\parallel_2\right\},\\&\text{s.t. }\beta=\sum_{g\in G}v^g.\end{aligned}\tag{1.5}$$

$\bar{v}=(v^g)_{g\in G}$ 表示将 β 分解为一系列潜在向量，每个潜在向量的支集都包含在相应的组中，因此 $g\in G$ 满足 $v^g\in R^p$ 和 $\mathrm{supp}(v^g)\subset g$。潜在变量 $(v^g)_{g\in G}$ 表明了组之间的重叠特征。通过重叠组支集的并集，可以恰当地选择重要特征。之后，Percival[135]分析了 OGL 的理论性质，并提出了一种自适应 OGL 模型。

Jacob 等人[111]同时通过重复共同特征来拓展 OGL 模型。重复运算符为 $R^P\to R^{\sum_{g\in G}|g|}$ 和 $x\to\tilde{x}=\bigoplus_{g\in G}(x_i)_{i\in g}$ 。$\tilde{x}$ 是一个 $\sum_{g\in G}|g|$ 维向量。x 中的任意元素可以复制到 $\tilde{x}$。类似地，对于任意向量 $v\in V_G$，$\tilde{v}$ 是一个 $\sum_{g\in G}|g|$ 维的具有重复特征的向量。对于任意 $x\in R^p$，$\beta^{\mathrm{T}}x=\sum_{g\in G}v^{g\mathrm{T}}x=\tilde{v}^{\mathrm{T}}\tilde{x}$ 和 OGL 模型（1. 5）可以转换为一个扩展组 Lasso[115]：$\hat{\beta}=\mathrm{argmin}_{\tilde{v}\in R^{\sum_{g\in G}|g|}}\left\{\frac{1}{2}\|y-\tilde{X}\tilde{v}\|_2^2+\lambda\sum_{g\in G}d_g\|\tilde{v}_g\|_2\right\}$ 。$\tilde{X}$ 是一个 $n\times(\sum_{g\in G}|g|)$ 重复矩阵。OGL 可以简单地通过具有重复特征的 $\sum_{g\in G}|g|$ 维扩展空间中的组 Lasso 的求解算法来实现。但是，该方法的计算复杂度要高于 OGL。

2）稀疏重叠组 Lasso(SOGL)

OGL 对于预先给定的重叠特征组中的稀疏线性预测是有效的，可以估计所选组中特征的所有系数。但是 OGL 只能选择非零组，而不能估计组内的稀疏性。不仅在识别驱动基因方面过拟合，而且在生物学上也不具有可解释性。带有 $\lambda_2\sum_{g\in G}d_g\|v^g\|_2+\lambda_1\sum_{g\in G}\|v^g\|_1$ 惩罚的 SOGL 模型[112-115]被提出来估计组内稀疏性。通过扩展稀疏组 Lasso，Park 等人[115]提出了另一个惩罚项为 $\lambda_2\sum_{g\in G}d_g\|\tilde{v}_g\|_2+\lambda_1\|\tilde{v}\|_1$ 的稀疏重叠组 Lasso(Sparse Overlapping Group Lasso，SOGL)模型。SOGL 可以在每个选择的组内实现稀疏性，能够克服在揭示驱动基因方面的过拟合问题。通过复制特征来扩展特征空间进而使用稀疏组 Lasso 方法来获得 SOGL 的解。Li 等人[136]提出了一个具有稀疏重叠组 Lasso 惩罚的自适应多项式回归模型。

3）树结构组 Lasso(TSGL)

有许多具有树结构的应用，例如，图像处理中像素间的关系通常是树或林结构，在基因表达分析中，基因间的关系常常受到偏序约束。同一层的节点组

之间没有共同特征。对于这类数据，树结构通常被视为先验信息[137]。树结构组 Lasso（Tree Structured Group Lasso，TSGL）模型[116]的惩罚项为 $\lambda \sum_{i=0}^{d} \sum_{j=1}^{n_i} w_j^i \| \beta_{G_j^i} \|_2$，其中 $\beta_{G_j^i}$ 是对应于节点 G_j^i 内特征的系数，其权重为 w_j^i。TSGL 模型是 OGL 的一个特例。在 TSGL 模型中，如果一个组被选择，则该组的所有父组将被选择，如果去除某个组，那么其所有子组被去除。为了解决输出变量是树形结构的多任务学习，Kim 等人[138]提出了一个树结构 Lasso 模型。Zhao 等人[124]提出的 hiCAP 方法也可用于跟踪树结构层次特征选择的解路。

1.2.5.3 图结构特征

在生物学系统中，许多不同的生物过程都是用图来表示的，例如，调控网络，蛋白质－蛋白质相互作用网络和代谢途径。这种图形先验信息是对标准数值数据（如微阵列基因表达数据）的一种有价值的补充。

1）图 Lasso

OGL 模型[111]可被拓展至图 Lasso 模型[111]。给定一个无向图 (V,E)（顶点集为 V 对应于 p 个特征，边为 E），图 Lasso 模型可以选择那些相互连接的特征或图形中包含有限数量的连接组件。图 Lasso 模型可被表示为 $\hat{\beta} = \operatorname{argmin}_{\beta \in R^p, v \in V_E} \left\{ \frac{1}{2} \| y - X\beta \|_2^2 + \lambda \sum_{e \in E} d_e \| v_e \|_2 \right\}$，s. t. $\beta = \sum_{e \in E} v_e$，$\operatorname{supp}(v_e) = e$。虽然图 Lasso 模型可以选择图形中倾向于相互连接的特征，但是它不能选择所选择的子图内部的重要特征。稀疏图 Lasso 模型[115]可被应用于选择已选择的子图内的重要特征。

2）L_1 图 Lasso

基于特征之间的图结构，Ye 和 Liu[104]将融合 Lasso 模型惩罚推广到了一个通用的图结构惩罚：$\alpha \| \beta \|_1 + (1-\alpha) \sum_{(i,j) \in E} | \beta_i - \beta_j |$。$L_1$ 图 Lasso 的正则化项为 $(1-\alpha) \sum_{(i,j) \in E} | \beta_i - \beta_j |$，其目的是尝试删除图中系数之间存在较大偏差的边。之后，如果两个特征连接在一个网络图中，它们的系数很可能彼此接近。L_1 图 Lasso 能够促进图中由边连接的特征系数之间的正相关性。

3）基于图的融合 Lasso（GFLasso）

Kim 和 Xing[117]提出了基于图的融合 Lasso（Graph-guided Fused Lasso，

GFLasso)模型,其能够将临床指标、基因表达等多个数量性状的相关结构直接有效地融入关联分析中。GFLasso 模型的惩罚项为 $\lambda_1\|\beta\|_1+\lambda_2\sum_{(i,j)\in E}|\beta_i-\text{sign}(r_{ij})\beta_j|$,其中 λ_1 和 λ_2 分别是稀疏性和融合性的惩罚参数。$\text{sign}(r_{ij})$ 用来测量特征 $x_{(i)}$ 与 $x_{(j)}$ 之间的相关性。λ_2 的值越大,意味着 $|\beta_i-\text{sign}(r_{ij})\beta_j|$ 具有更大的融合效应。通过使用 GFLasso 的惩罚 $\lambda_1\|\beta\|_1+\lambda_2\sum_{(i,j)\in E}|f(r_{ij})|\sum_j|\beta_i-\text{sign}(r_{ij})\beta_j|$,一个加权 GFLasso 模型[117]进而被提出。与 GFLasso 相比,加权 GFLasso 更具自适应性,因为它引入了相关性强度作为边的权重。

4) 图约束估计子(GRACE)

图约束估计子(Graph-constrained Estimator,GRACE)模型被提出用来解决具有图结构特征的高维回归问题[118,119]。GRACE 的惩罚项为 $\lambda_1\|\beta\|_1+\lambda_2\beta^{\mathrm{T}}L\beta$,其中 L 为拉普拉斯矩阵,被定义为[139]:

$$L_{jl}=\begin{cases}1-w(j,j)/d_j, & \text{if } j=l \text{ and } d_j\neq 0;\\ -w(j,l)/\sqrt{d_jd_l}, & \text{if } j\sim l;\\ 0 & \text{否则}.\end{cases}\tag{1.6}$$

$w(j,l)$ 表示顶点 v_j 和 v_l 之间边的(正)权重,d_j 为顶点 v_j 的度。GRACE 可以在已知的生物网络或图中选择相关特征的子图,从而在网络上享有全局平滑性。基于非负谱学习和稀疏回归的对偶图正则化方法[140]被提出来解决无监督特征选择。Liu 等人[141]提出了一种基于图的正则化方法用于处理多任务特征选择。Gu 等人[142]提出了一种基于拉普拉斯正则化最小二乘的网络数据监督特征选择方法。

5) 加权 L_γ 范数回归(WLPR)

将相邻特征的相似效应的先验知识应用到网络中,Pan 等人[120]提出了一种分组罚函数来促使网络上特征的回归系数趋于平滑。加权 L_γ 范数回归(Weighted L_γ-norm Penalized Regression, WLPR)的惩罚项为 $\lambda 2^{1/\gamma'}\sum_{i\sim j}p(\beta_i,\beta_j)=\lambda 2^{1/\gamma'}\left(\frac{|\beta_i|\gamma'}{w_i}+\frac{|\beta_j|\gamma}{w_j}\right)^{1/\gamma}$,其中 $\lambda\geqslant 0$,γ' 满足 $1/\gamma'+1/\gamma=1$,$\gamma>1$。权重有三种具体选择:(i) $w_i=d_i^{(\gamma+1)/2}$,(ii) $w_i=d_i$,(iii) $w_i=d_i^\gamma$,这会导致对参数进行三种不同类型的平滑处理。WLPR 可以在网络上自动实现分组选择并利用分组效果。然而,他们在网络上关于(加权)平滑性的假设

$\beta_j's$ 或者$|\beta_j|'s$ 在某些应用中缺乏论证。为了解决这个问题,Kim 等人[143]提出了一个新的具有不严格的假设条件的惩罚回归模型。

6）图 OSCAR，非凸模型 I：ncFGS 以及 II：ncTFGS

由于 GFLasso 模型依赖于成对样本相关性,它可能会导致额外的估计偏差,Yang 等人[121]提出了三种新的特征分组与选择模型:图 OSCAR（GOSCAR),ncFGS 以及 ncTFGS。GOSCAR 有惩罚项 $\lambda_1\|\beta\|_1+\lambda_2\sum_{(i,j)\in E}\max\{|\beta_i|,|\beta_j|\}$,可以在无向图上实现特征分组和选择。当给定的图不是完全图时,OSCAR 是 GOSCAR 的一种特殊情况。ncFGS 模型通过应用非凸函数改进 GOSCAR 模型来降低估计偏差。ncFGS 的惩罚项为 $\lambda_1\|\beta\|_1+\lambda_2\sum_{(i,j)\in E}\||\beta_i|-|\beta_j|\|$,其中 $\sum_{(i,j)\in E}\||\beta_i|-|\beta_j|\|$ 仅控制系数差异的大小。ncTFGS 是由 ncFGS 扩展而来的,其通过一个截断的 L_1 惩罚进一步降低估计偏差,ncTFGS 的惩罚为 $\lambda_1\sum_{i=1}^{p}J_\tau(|\beta_i|)+\lambda_2\sum_{(i,j)\in E}J_\tau(\||\beta_i|-|\beta_j|\|)$,其中 $J_\tau(x)=\min(\frac{x}{\tau},1)$ 为截断 L_1 正则项。τ 是一个非负的调优参数。令 $p_1(\beta)=\sum_{i=1}^{p}J_\tau(|\beta_i|)$ 和 $p_2(\beta)=\sum_{(i,j)\in E}J_\tau(\||\beta_i|-|\beta_j|\|)$。ncFGS 和 ncTFGS 受给定无向图指定的先验信息的正向影响。一个未来可能的方向是将这些方法扩展到有向图。其他一些非凸模型[144,145]进一步被扩展以在给定的无向图上同时执行分组追踪和特征选择。

综上所述,结构稀疏模型利用特征间的先验结构信息,提高预测性能并选择重要特征。然而,完整的先验特征结构通常是难以获得的,特别是在处理高维数据时。结构稀疏模型已被广泛应用于各个领域:图像处理[146],语音分离[147],生物信息学[148-150],人脸识别[151],以及自然语言处理[152]。

近年来,多分类问题在机器学习领域、生物信息学领域以及统计学领域得到了广泛的关注[12,71,153-156]。一般来说,结合多个二分类器来处理多分类问题是一类流行的方法[71]。这类方法的特点是结构简单,而且很容易实现。为了能够实现自动的特征选择,L_1 范数多类支持向量机[155]和自适应上界多类范数支持向量机[156]相继被提出。然而上述多类支持向量机在处理高维数据时候有一定的困难。为了更好地处理高维数据的多分类问题,Vincent 等人[12]将稀疏组 Lasso 推广到多分类问题中,提出了多项式稀疏组 Lasso 模型,当 $a=0$ 时是多项式组 Lasso 模型，$a=1$ 时是多项式 Lasso 模型。由于多项式稀疏组 Lasso 是两个罚函数的结合，对于大规模数据来说，正则化复杂性的增加导致了计算难度的增加，针对这一问题，Wang 等人[116]提出了双层特征简约方法，该方法通过分解特征的可行对偶集，快速识别无效特征和无效特征组，实验证明该方法可以显著降低计算成本。然而，目前的组 Lasso 惩罚的回归模型都面临一个问题，都高度依赖特征分组，而这些组对模型的分类性能影响较大。此外，这些方法都未充分考虑到自适应地选择特征组以及自适应选择组内特征。

综上所述，目前高维数据的特征选择问题面临的挑战与不足如下所示：

(1) 现有的大多数结构稀疏模型不能够推测特征之间的相关结构，这些模型的性能依赖于给定的分组信息。由于分组结构一般不能预先给定，即重要的相关结构信息不能明确识别，现有的许多结构稀疏模型往往是无效的。另外一些自适应稀疏模型的权重构造依赖于数据的真实值，因此这些权重对噪声数据或异常值是非常敏感的。

(2) 虽然多项式稀疏组 Lasso 模型可以被成功地应用到高维数据的多分类问题，但是由于多项式稀疏组 Lasso 模型中的特征组是用随机划分的方式得到的，因此其未充分考虑到特征分组的重要性。如果一些特征彼此高度相关，并且与类标签相关联，那么我们希望对与该特征子集相对应的系数执行较小的收缩。若能提出一种能将具有相似预测性能的特征分组的聚类方法，然后使用这些分组的特征就可以构造更精确的组稀疏学习模型。

(3) 目前存在的许多过滤式特征选择方法中，大部分方法的相关性度量要么忽略了类别与特征之间的相关性，要么不够精确，无法量化与类别标签相关的特征之间的相关性。虽然有些方法使用多互信息来引入类标签信息衡量特征间的相关性，但是如果具有类标签的条件互信息大于两个特征的互信息，则多互信息可能是负的，严格来说，这部分信息是不能够视为冗余的。

(4) 组 Lasso 惩罚类方法已经被成功地应用于解决二分类问题和组特征选择问题，但如若将其应用于癌症基因表达数据分析，就必须提前对基因进行分组，而提前分组的好坏又会严重地影响模型的性能。如何根据数据内涵的生物学意义，获得具有生物可解释性的分组策略是将组 Lasso 惩罚类方法应用于高维生物数据挖掘所面临的一个挑战性问题。此外稀疏组 Lasso 能识别组内重要基因，但未考虑被选组内基因之间的相对重要性。其组权重仅由组内基因数构造,因此不具有生物可解释性。

1.3 研究内容与组织结构

1.3.1 研究内容

基于上述的研究背景和意义以及国内外的研究现状,本书对高维数据的特征选择问题进行了深入的研究。本书所研究的内容主要包含两个方面,即针对结构稀疏模型的改进与研究,以及基于信息论的过滤式特征选择方法的研究与改进。重要的是,将上述特征选择模型和方法应用到当前数据挖掘领域面临的高维数据特征选择问题以及多学科交叉的问题。根据实际应用需求和研究现状分析,本书文研究内容的主要框架如图 1.5 所示。具体地,本书的研究内容主要包含四个部分,其主要创新如下:

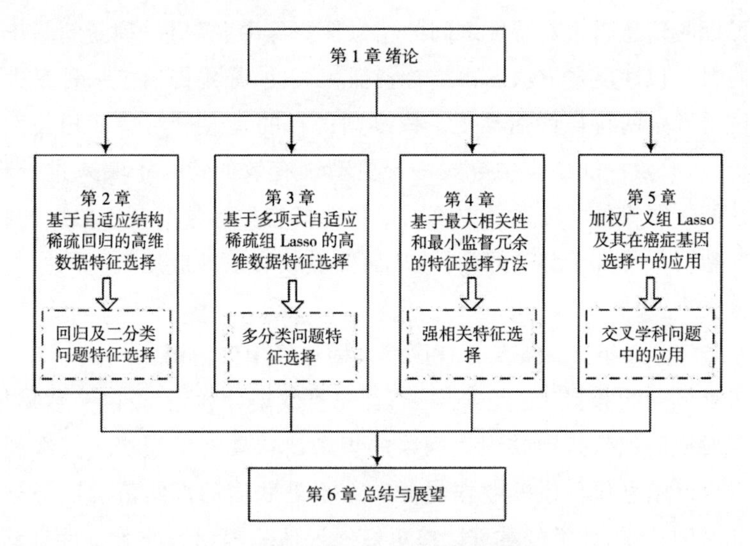

图 1.5　本书研究内容的主要框架图

(1) 基于自适应结构稀疏回归的高维数据特征选择。

高维数据通常包含许多重要的相关结构,这些结构通常有助于提高预测性能。此外,高维数据通常也包含许多噪声特征。因此,从高维数据中挖掘重要的相关特征结构和去除噪声特征都是具有挑战性的问题。基于互信息和联合互信息，提出了两种成对特征相关权重和特征权重的构造策略。基于构造的两种权重，进而提出了一种自适应结构稀疏回归模型，该模型能够从特征中推测出特征间的局部结构信息，并能自适应地选择成组的重要特征。

(2) 基于多项式自适应稀疏组 Lasso 的高维数据特征选择。

针对高维数据的多分类问题，如果一些特征彼此高度相关，并且与类标签相关联，那么我们希望对与该特征子集相对应的系数执行较小的收缩。提出一种基于信息论的能将具有相似预测性能的特征分组的聚类方法，然后使用这些分组的特征就可以更精确地执行组 Lasso 回归。基于划分的特征组，构建自适应收缩的特征组和组内特征的权重，进而将权重引入稀疏组 Lasso 惩罚中，那么就可以自适应地选择重要特征组和组内特征。通过结合监督聚类算法、自适应稀疏组 Lasso 惩罚以及多项式逻辑似然函数，提出了一种具有自适应组 Lasso 惩罚的多项式回归模型。

(3) 基于最大相关性和最小监督冗余的特征选择方法。

将类标签信息引入对特征之间的相似性测量中，提出一种新的基于条件互信息的监督相似性度量方法。再结合特征相关性，最终提出了一种最大相关性与最小监督冗余的特征评估准则。该准则的目的是通过对特征相关性和冗余性的分析，从原始特征集合中寻找一个更精确有效的特征子集来进行建模，提高分类性能。所提的特征选择方法不仅能选择与类标签有高相关度的特征，而且能有效地降低特征子集的冗余性，从而能够被有效地应用到高维数据的特征选择和分类中。

(4) 加权广义组 Lasso 及其在癌症基因选择中的应用。

针对高维生物数据的二分类问题，首先将数据分为正、负两个数据集，分别构建出其对应的加权基因共表达网络并识别出重要网络模块。其次利用信息论中的联合互信息仅仅依赖数据的分布而不是数据的真实值的优势分别构造基因组和基因权重，此类权重可以被更好地评估基因和组的重要性且具有很好的生物可解释性。结合以上的分组方法和权重构造方法，提出一个加权广义组 Lasso 模型，并发展其相应的求解算法。

1.3.2 组织结构

本书考虑高维数据的特征选择问题，首先分析不同分类问题条件下的特征选择方法的不同特点，提出合理的特征选择模型和方法。

第1章 详细介绍了本书的主要研究背景，考虑高维数据的特征选择问题，分析了回归问题和不同分类问题条件下的特征选择方法的不同特点，展示了可用于解决特征选择问题的不同稀疏学习模型的数学表达式并讨论了它们的优缺点，并给出问题的研究目的和所面临的挑战以及文章研究内容与组织结构。

第2章 针对高维数据的回归和二分类问题，基于互信息和联合互信息两种信息论度量，提出了两种成对特征相关权重和特征权重的构造策略，建立了自适应结构稀疏回归模型。实验结果表明，所提模型的性能优于现有相关模型。

第3章 针对高维数据的多类分类问题，提出了一种基于信息论的监督特征聚类算法，构造出特征权重和组权重方法，建立了多项式自适应稀疏组 Lasso 模型，并发展其相应的求解算法，实验结果表明，所提模型的性能优于现有相关模型。

第4章 针对高维数据的特征选择问题，提出了一种基于条件互信息的监督相似性度量方法及一种最大相关性与最小监督冗余的特征评估准则。实验结果验证了所提方法可有效提高分类性能。

第5章 针对癌症数据的分类问题，构建基于加权基因共表达网络分析的基因分组法和基于联合互信息的权重构造法，进而提出了一种加权广义组 Lasso 模型，并发展其相应的求解算法，实验结果表明，所提模型具有较好性能。

第6章 总结分析本书主要研究成果并展望未来的工作。

第2章　基于自适应结构稀疏回归的高维数据特征选择

特征选择在机器学习和数据挖掘领域都是至关重要的。由于特征中存在隐含的信息，从高维数据中挖掘重要的相关特征结构和去除噪声特征都是具有挑战性的问题。在这一章节中，基于互信息和联合互信息，我们提出了构造每个特征权重和成对相关特征权重两种策略。基于这两种策略，提出了一种自适应结构稀疏回归模型，该模型能够从特征中推测出局部监督的相关结构信息，并能自适应地选择成组的重要特征。我们也从理论上分析了该模型的重要性质，并与一些经典特征选择模型进行了比较，突出了该模型的优点。实验结果表明，所提出的模型的特征选择性能和分类性能比现有模型更有效。

2.1 引言

从高维数据中选择特征是机器学习、模式识别、数据挖掘和生物信息学等领域的研究热点[8,149,157-160]。在高维数据中，并不是所有的特征都是重要的，如何准确有效地选择原始特征的最优子集是特征选择的关键。通常，为了获得稳定的结果和良好的可解释性，各种稀疏学习模型[161]被用于从高维数据中选择重要特征。然而，对于高维数据，有许多无论是外部还是内部因素都会影响到稀疏学习模型的性能。噪声特征会从外部降低稀疏学习模型的性能[162]，而每个特征的重要性和成对特征相关性对稀疏学习模型的性能都有很大的影响[26]。因此，建立可解释的稀疏学习模型，推测高维数据中的特征相关结构并从中选择一个最优的特征子集是非常必要且具有挑战性的。

现有的稀疏学习模型主要集中在独立特征选择和组特征选择上。独立稀疏学习模型易于计算，在数据集中特征互相独立的情况下可以获得良好的性能。然而，这些稀疏学习模型不适于具有高度相关特征的数据集。在许多实际环境中，特征之间存在着具有解释意义的相关结构。例如，基因表达数据中存在着描述基因与生物通路之间内在联系的分组结构。现有的许多组稀疏学习模型[18,105,133]都是针对给定的显式分组结构(预先给定)而设计的。然而，分组结构往往隐含在数据中，或者不能预先给定，现有的组稀疏学习模型已不再有效。此外，如果给定的显式分组结构与所考虑的响应变量无关，则组稀疏学习模型的性能仍然较差。换句话说，现有的学习模型要么只考虑单个特征，要么只考虑没有响应(或类标签)信息的显式分组结构。因此，如何找到与响应(或类标签)相关联的特征集是特征选择的关键。

如何有效地去除噪声特征也是特征选择的关键。噪声特征往往会引起有偏估计。现有的稀疏学习模型更多地关注具有较大系数的特征或特征组，这会导致估计偏差、估计效率低下或选择不一致等现象[36,82,123]。现有许多稀疏学习模型通过在特征或组中引入加权系数来自适应地选择特征来克服有偏估计。通常有两种不同类型的权重构造策略。一种策略是对高维数据的实际需求敏感的初始权值进行迭代改进[163]，一种是使用一些统计学指标(Wilcoxon 秩和检验，皮尔逊相关系数，t 检验)来衡量各特征的重要性。所得到的权值具有明显的统计学意义，可广泛应用于评估特征的重要性。然而，这些权重对噪声数据或异常值非常敏感。

本书利用信息论中的多信息度量指标来构造了成对特征的相关权重，利用互信息和联合互信息两种度量指标计算特征权重。提出了一种自适应结构稀疏回归(ASSR)模型，该模型既能有效地推测特征间的结构信息，同时也可以自适应地选择组内的重要特征。现有的组稀疏学习模型[8,105,133]在构造模型之前需给出特征组，因此，ASSR 不同于现有的组稀疏学习模型。本章的主要贡献如下：

• 提出了一种 ASSR 模型，该模型能同时识别特征间的结构信息，并能自适应地选择成组的信息特征，从理论上分析了 ASSR 的性质。

• 基于多信息提出了一种基于高维数据的成对特征相关权重计算方法，其可以从高维数据中推测监督相关结构。

• 根据联合互信息，提出了一种特征重要性评估策略进而确定特征权重。

2.2 相关工作

特征选择目的是使用降维技术识别高维数据中的少量重要特征,例如正则化框架[26,164,165]。由于重要特征通常是在高维数据中隐式包含的,因此特征选择的性能容易受到内部和外部因素的影响,例如每个特征的重要性和特征之间的相关性(内部)、噪声特征(外部)。现有许多稀疏特征选择模型可以用来识别独立特征或重要相关特征。现有的稀疏学习模型大多是独立稀疏学习模型[164,165]。虽然独立稀疏学习模型已经成功地应用于许多场景,但是没有考虑特征之间的交互信息。如何去除不重要的特征并自动识别组内高度相关的特征也是特征选择的关键。例如,许多复杂的疾病是由基因通路的突变引起的,这些通路可能包含在基因表达数据的生物分组结构中。理想的方法是选择基因通路中的特征。为此,现有许多基于分组结构的组稀疏学习模型被提出来选择重要的成组的特征。由于分组结构一般不能预先给定(即重要的相关结构信息不能明确识别),现有的组稀疏学习模型往往是无效的。簇弹性网络模型[90]和加权融合模型[86]可以估计特征的结构信息。然而,这些模型并不总是有效的,因为前者要求预先给定簇的数目,而后者只能够识别全局结构而没有考虑到响应信息。此外,一种基于成对约束的稀疏学习模型[166]可利用数据局部判别结构来选择特征,但是忽略了特征间的局部结构。此外,一些现有的稀疏特征选择模型是基于 L_1 范数的,该范数更注较大系数,从而导致有偏估计。

噪声特征外在地影响稀疏学习模型的性能[162,167],除了 L_1 范数,L_2 范数也会导致有偏估计。在许多经典的稀疏学习模型中,每个特征或组的回归系数都被赋予相同程度的收缩(例如 Lasso[27],组 Lasso[105],稀疏组 Lasso[18],弹性网络[81]以及融合 Lasso[168])。由于这些模型没有考虑到每个特征或组的重要程度,所以可能会保留噪声特征。为了减少对重要特征或组的系数的偏差,许多自适应收缩方法可以根据不同的权重自适应地选择重要特征或特征组。自适应 Lasso[36]使用初始权重估计子来构造权重。自适应弹性网络[82]和部分自适应弹性网路[98]采用初始弹性网络估计子来构造权重。自适应组 Lasso 模型[123]的权重是由最小二乘估计子构造的。自适应惩罚逻辑回归[169]采用 Wilcoxon 秩和检验[170]来构造特征权重。结构惩罚逻辑回归模型[100]的自适应权重是由皮尔逊相关系数来构造的。李等人[171]使用 t 检验来评估基因重要性，进而构造自适应权重。虽然上述权重具有不同的统计学意义，可以广泛应用于特征的重要性评估，但它们依赖于数据的真实值，对噪声数据或异常值是非常敏感的。

不同于上述的稀疏学习模型，本章提出了一个新的稀疏学习模型。所提模型既可以推测关于相应变量（或类标签）的成对特征之间的相关结构信息，也可以自适应地选择信息特征。

2.3 问题描述

给定一个数据集 $(X,y)=\{(x_i,y_i)\,|\,i=1,\cdots,n\}$，$x_i=(x_{i1},\cdots,x_{ip})^{\mathrm{T}}$ 为输入向量。n 和 p 分别为样本数和特征数。令 $X=(x_{(1)},\cdots,x_{(p)})$ 为模型矩阵，其中 $x_{(j)}=(x_{1j},\cdots,x_{nj})^{\mathrm{T}}$ 为第 j^{th} 个预测子。$y=(y_1,\cdots,y_n)^{\mathrm{T}}$ 为 $n\times 1$ 维的响应向量。我们假设响应向量 y 是中心化的，且预测子是标准化的，即

$$\sum_{i=1}^{n} y_i=0,\ \sum_{i=1}^{n} x_{ij}=0 \text{ 和 } \sum_{i=1}^{n} x_{ij}^2=1. \tag{2.1}$$

首先考虑一个线性回归模型：

$$y=X\beta+\varepsilon, \tag{2.2}$$

其中 $\varepsilon=(\varepsilon_1,\cdots,\varepsilon_n)\sim N(0,\sigma^2 I_n)$ 为误差向量，其中所有的误差都是独立的同分布随机变量，均值为零和方差为 σ^2。y 被预测为 $\hat{y}=X\hat{\beta}=\sum_{j=1}^{p}\hat{\beta}_j x_{(j)}$，其中 $\hat{\beta}=(\hat{\beta}_1,\cdots,\hat{\beta}_p)^{\mathrm{T}}$ 为估计的系数向量。对于二分类问题，响应变量 y 包含类标签 $y_i\in\{0,1\}$。令 $\hat{y}_\tau$ 为给定有样本 τ 的预测值。分类问题目的是学习一个判别规则 $f:R^p\rightarrow\{0,1\}$，从而可以准确预测新的样本标签。分类函数 $f(x_\tau)$ 为 $I(\hat{y}_\tau>0.5)$，其中 $I(\cdot)$ 是指示函数。因此，二分类问题也可以使用线性回归模型来解决[81]。

2.4 自适应结构稀疏回归模型

2.4.1 统计学习模型

我们采用信息论来确定成对特征的相关权重和每个特征的权重，进而提出

了自适应结构稀疏回归(ASSR)准则：

$$L(\lambda,\alpha,\beta)=\| y-X\beta \|_2^2+\lambda(1-\alpha)\times\sum_{j=1}^{p}\sum_{l=1}^{p}\mu_{jl}\| x_{(j)}\beta_j-x_{(l)}\beta_l \|_2^2 + \lambda\alpha\| W\beta \|_1, \tag{2.3}$$

其中$\lambda\in[0,\infty)$和$\alpha\in[0,1]$为正则化参数。ASSR 估计子$\hat{\beta}$是等式(2.3)的最小值,其可以表示如下：

$$\hat{\beta}=\underset{\beta\in R^p}{\operatorname{argmin}}\{\| y-X\beta \|_2^2+\lambda(1-\alpha)\times\sum_{j=1}^{p}\sum_{l=1}^{p}\mu_{jl} \| x_{(j)}\beta_j-x_{(l)}\beta_l \|_2^2+\lambda\alpha\| W\beta \|_1\}. \tag{2.4}$$

根据等式(2.4),ASSR 可以有选择地激励关于响应变量高度相关特征的系数具有相似的值,以避免不必要的偏差,即如果成对相关特征与响应相关,则这些高度相关的特征组对系数的收缩较小。等式(2.4)也遵循一般的正则化框[161]：$\hat{\beta}=\underset{\beta}{\operatorname{argmin}}\{L(y,\beta)+R(\lambda,\beta)\}$,其中损失函数为$L(y,\beta)=\| y-X\beta \|_2^2$。ASSR 模型的惩罚项不同于现有的惩罚回归的惩罚项,ASSR 惩罚项包含加权L_1正则项和加权成对正则项：

$$R(\lambda,\beta)=\lambda(1-\alpha)\sum_{j=1}^{p}\sum_{l=1}^{p}\mu_{jl}\| x_{(j)}\beta_j-x_{(l)}\beta_l \|_2^2+\lambda\alpha\| W\beta \|_1 . \tag{2.5}$$

其中μ_{jl}为成对特征的相关权重,W为一个特征权重矩阵。等式(2.5)的第一项为$\sum_{j=1}^{p}\sum_{l=1}^{p}\mu_{jl}\| x_{(j)}\beta_j-x_{(l)}\beta_l \|_2^2$,其是一个加权成对结构惩罚。这个惩罚不仅可以推断特征之间的局部结构信息,而且可以激励关于响应的高度相关特征的系数共享的相似信息。等式(2.5)的第二项,即加权L_1范数$\| W\beta \|_1$是一个自适应 Lasso 惩罚,其对与响应弱相关的特征采用较大的收缩,对那些与响应高度相关的特征采用较小的收缩,即激励特征的稀疏性。

2.4.2 权重构造

权重μ_{jl}和权重矩阵W分别是由多信息、联合互信息以及互信息等信息度量来确定的。本节首先给出了一些信息论度量的基本定义：$\hat{X}=(\hat{x}_1,\cdots,\hat{x}_n)^{\mathrm{T}}$,$Y=(y_1,\cdots,y_n)^{\mathrm{T}}$以及$Z=(z_1,\cdots,z_n)^{\mathrm{T}}$为三个随机变量。变量$\hat{X}$的信息

熵[172]可以被表达为：

$$H(\hat{X})=-\sum_{\hat{x}\in\hat{X}}p(\hat{x})\log p(\hat{x}),\tag{2.6}$$

其中 $p(\hat{x})$是随机变量 $\hat{X}$ 的概率密度函数。信息熵 $H(\hat{X})$表示为 $\hat{X}$ 的不确定性的平均估计。互信息 $I(\hat{X};Y)=\sum_{\hat{x}\in\hat{X}}\sum_{y\in Y}p(\hat{x},y)\log\frac{p(\hat{x},y)}{p(\hat{x})p(y)}$ 测量了 $\hat{X}$ 和 Y 共享的信息。

联合互信息[173]被定义为：

$$I(\hat{X},Y;Z)=\sum_{\hat{x}\in\hat{X}}\sum_{y\in Y}\sum_{z\in Z}p(\hat{x},y,z)\log\frac{p(\hat{x},y,z)}{p(\hat{x},y)p(z)},\tag{2.7}$$

其中 $p(\hat{x},y,z)$为 $\hat{x}$，y 和 z 的联合概率密度函数，$p(\hat{x},y)$为 $\hat{x}$ 和 y 的联合概率密度函数，$p(z)$是 z 的概率密度函数。

2.4.2.1 成对特征的相关权重

基于多信息，提出了一种新的成对特征相似度度量方法，进而提出了一种计算成对特征相关权重的新策略。特征 $x_{(j)}$ 与特征 $x_{(l)}$ 之间的监督相似性度量 s_{jl} 可被定义为：

$$s_{jl}=\left[\frac{I(x_{(j)};x_{(l)};y)}{H(y)}\right]_{+},\tag{2.8}$$

其中$[\nu]_{+}$表示正部函数，其可以被定义为：

$$[\nu]_{+}=\begin{cases}\nu,\text{if }\nu>0;\\0,\text{if }\nu\leqslant 0.\end{cases}\tag{2.9}$$

$I(x_{(j)};x_{(l)};y)=I(x_{(j)};y)+I(x_{(l)};y)-I(x_{(j)},x_{(l)};y)$是多信息[174]，其表示所涉及特征的交互信息量。因此，s_{jl} 等价于 $\left[\frac{I(x_{(j)};y)+I(x_{(l)};y)-I(x_{(j)},x_{(l)};y)}{H(y)}\right]_{+}$，这意味着互信息 $I(x_{(j)};y)$（特征 $x_{(j)}$ 和响应/类标签向量 y），$I(x_{(l)};y)$以及联合互信息 $I(x_{(j)},x_{(l)};y)$不是只使用特征 $x_{(j)}$ 与特征 $x_{(l)}$ 之间的互信息 $I(x_{(j)};x_{(l)})$来计算 s_{jl}。换句话说，s_{jl} 直接关系到 y 所提供的信息，其完全不同于传统基于 $I(x_{(j)};x_{(l)})$的相似性度量。$I(x_{(j)};x_{(l)})$不能确保特征 $x_{(j)}$ 和 $x_{(l)}$ 与响应向量 y 相关。s_{jl} 越大意味着特征 $x_{(j)}$ 与 $x_{(l)}$ 越相似。一个极端的情况为特征 $x_{(j)}$ 与特征 $x_{(l)}$ 完全不相关的

时候，$s_{jl}=0$。$s_{jl}\geqslant 0$ 的原因在于 $I(x_{(j)};y)+I(x_{(l)};y)<I(x_{(j)},x_{(l)};y)$，这意味着这两个特征是互补的弱相关。即，它们是不相似的。实际上 s_{jl} 有如下的性质：

命题 2.1 $\forall x_{(j)},x_{(l)}$，由等式(2.8)定义特征 $x_{(j)}$ 与特征 $x_{(l)}$ 之间的相似性 s_{jl}，其满足：

1) $s_{jl}=s_{lj}$。

2) $0\leqslant s_{jl}\leqslant 1$。

3) 当且仅当 $s_{jl}=1$ 时，特征 $x_{(j)}$ 与特征 $x_{(l)}$ 关于 y 完全相似。

4) 当且仅当 $s_{jl}=0$ 时，特征 $x_{(j)}$ 和特征 $x_{(l)}$ 关于 y 完全无关。

证明 2.1 1) $I(x_{(j)},x_{(l)};y)=I(x_{(l)},x_{(j)};y)$ 意味着

$$
\begin{aligned}
s_{jl}&=\frac{I(x_{(j)};y)+I(x_{(l)};y)-I(x_{(j)},x_{(l)};y)}{H(y)}\\
&=\frac{I(x_{(l)};y)+I(x_{(j)};y)-I(x_{(l)},x_{(j)};y)}{H(y)}=s_{lj}。
\end{aligned}
$$

2) 由于 $I(x_{(j)},x_{(l)};y)-I(x_{(l)};y)=I(x_{(j)};y|x_{(l)})$，$0\leqslant I(x_{(j)};y|x_{(l)})=H(y|x_{(l)})-H(y|x_{(j)},x_{(l)})\leqslant H(y|x_{(l)})$，$H(y|x_{(l)})\leqslant H(y)$，$0\leqslant\frac{I(x_{(j)};y|x_{(l)})}{H(y)}\leqslant 1$ 以及 $-1\leqslant\frac{I(x_{(l)};y)-I(x_{(j)},x_{(l)};y)}{H(y)}\leqslant 0$。此外，$0\leqslant\frac{I(x_{(j)};y)}{H(y)}\leqslant 1$，$-1\leqslant\frac{I(x_{(j)};y)+I(x_{(l)};y)-I(x_{(j)},x_{(l)};y)}{H(y)}\leqslant 1$。因此，

$$
0\leqslant s_{jl}=\left[\frac{I(x_{(j)};y)+I(x_{(l)};y)-I(x_{(j)},x_{(l)};y)}{H(y)}\right]_{+}\leqslant 1。
$$

3)—4) 等式 s_{jl} 的值越大意味着特征 $x_{(j)}$ 和特征 $x_{(l)}$ 越相似，反之亦然。根据等式(2.6)和等式(2.7)，$s_{jl}=1$ 意味着 $x_{(j)}$ 和 $x_{(l)}$ 完全相似，它们都与 y 密切相关，反之亦然。类似地，当且仅当 $s_{jl}=0$ 时，特征 $x_{(j)}$ 和特征 $x_{(l)}$ 关于 y 完全无关。

基于等式(2.8)的相似性，我们定义特征 $x_{(j)}$ 和特征 $x_{(l)}$ 之间的相关权重为：

$$
\mu_{jl}=\begin{cases}\ln\left(\frac{1+s_{jl}}{1-s_{jl}}\right) & \text{if } 0\leqslant s_{jl}\leqslant 1;\\ \infty & s_{jl}=1.\end{cases} \tag{2.10}
$$

显然地，$\mu_{jl} \in [0, \infty)$。s_{jl} 越大意味着 μ_{jl} 越大，即较大的权重被分配给一对高度相关的相关特征 $x_{(j)}, x_{(l)}$。此外，加权成对结构惩罚（等式(2.5)的第一项）促使这些特征趋于同一组。相反，将弱相关成对特征的权重缩小到很小的值，并将它们视为独立的特征。换句话说，特征间的相关结构可以通过权值 μ_{jl} 自适应地推测出来。同时也是衡量网络结构特征点间相关强度的边缘权值，使得一组数据的特征结构更易于解释。权重 μ_{jl} 也是衡量网络结构特征顶点之间相关性强度的边缘权重，这使得给定数据集的特征结构更易于解释。

类似于文献中[86]的一些性质，μ_{jl} 存在如下的性质：

命题 2.2 对于 $\forall x_{(j)}, x_{(l)}$，定义在(2.10)式中的相关权重 μ_{jl} 满足：

1) $\mu_{jl} = \mu_{lj}$。

2) $\mu_{jl} = 0$, if $f s_{jl} = 0$。

3) μ_{jl} 随着 s_{jl} 的增加而增加。

4) 对于 $\forall k$，如果 $s_{jl} \to 1$，$|\mu_{jk} - \mu_{lk}| \to 0$。

证明 2.2 很容易证明 1)－3)。

4) 从命题 2.1 我们可以得到，当且仅当 $s_{jl} = 1$ 时，特征 $x_{(j)}$ 与 $x_{(l)}$ 是关于 y 完全相似的。如果 $s_{jl} \to 1$ 时，特征 $x_{(j)}$ 和特征 $x_{(l)}$ 关于 y 趋于完全相似，即 $x_{(j)}$ 和 $x_{(l)}$ 在同一个组内。对于 $\forall k$，对于特征 $x_{(k)}$，存在如下两种情况：(i) 当 $s_{jk} = s_{lk} \to 1$ 时，其包含在组内。(ii) 当 $s_{jk} = s_{lk} \to 0$ 时，其被组中去除。因此，对于 $\forall k, s_{jk} - s_{lk} \to 0$ 时，$\left|\mu_{jk} - \mu_{lk}\right| = \left|\ln\left(\frac{1+s_{jk}}{1-s_{jk}}\right) - \ln\left(\frac{1+s_{lk}}{1-s_{lk}}\right)\right| = \left|\ln\left(\frac{1+s_{jk}}{1-s_{jk}}\right) \times \left(\frac{1-s_{lk}}{1+s_{lk}}\right)\right| = \left|\ln\left(\frac{1-s_{lk}+s_{jk}-s_{jk} * s_{lk}}{1+s_{lk}-s_{jk}-s_{lk} * s_{jk}}\right)\right|$。因此，对于所有 k，如果 $s_{jk} - s_{lk} \to 0$，$\left|\mu_{jk} - \mu_{lk}\right| = \left|\ln\left(\frac{1-s_{lk}+s_{jk}-s_{jk} * s_{lk}}{1+s_{lk}-s_{jk}-s_{lk} * s_{jk}}\right)\right| \to 0$。

性质 1) 中的 $\mu_{jl} = \mu_{lj}$ 说明了相关矩阵是对称的，即所有高度相关的特征都属于同一组。$\mu_{jl} = 0$ 意味着零权重被分配给独立的特征。性质 3) 意味着与 y 相关的高度相似特征具有较大的权重。根据最小化项 $\sum_{j=1}^{p} \sum_{l=1}^{p} \mu_{jl} \| x_{(j)}\beta_j - x_{(l)}\beta_l \|_2^2$，$\mu_{jl}$ 的值越大，其可促进 $x_{(j)}\beta_j$ 和 $x_{(l)}\beta_l$ 之间的差别较小，进而可以得到更重要的结构信息。根据性质 4)，关于 y 完全相似的特征可以被分在同一组内。

2.4.2.2 特征权重

特征 $x_{(k)}$ 和 y 之间的互信息 $I(x_{(j)};y)$ 可以衡量两个向量之间的相关性。联合互信息 $I(x_{(k)},x_{(j)};y)$ 不仅描述了特征 $x_{(k)}$ 与特征 $x_{(j)}$ 之间的相关性，也描述了这些特征与 y 之间的相关性。我们基于联合互信息和互信息来评估特征的重要性进而构造了特征权重。

特征 $x_{(k)}$ 关于 y 的重要性 $r_k(k=1,\cdots,p)$ 是由特征 $x_{(k)}$ 与其他特征之间的平均信息量决定的，r_k 被定义为：

$$r_k=\frac{1}{p-1}\sum_{p}\{I(x_{(k)},x_{(j)};y)-I(x_{(j)};y)\}. \tag{2.11}$$

根据互信息链式准则，$I(x_{(k)},x_{(j)};y)=I(x_{(j)};y)+I(x_{(k)};y|x_{(j)})$ 可得 $r_k\geqslant 0$。实际上 r_k 为特征 $x_{(k)}$ 与其他特征之间的平均增益。更高的增益意味着该特征更重要。在极端情况下，当 $r_k=0$ 时，特征 $x_{(k)}$ 不重要，即 $x_{(k)}$ 无法提供关于 y 的任何有用的信息。而且 $I(x_{(k)},x_{(j)};y)-I(x_{(j)};y)=I(x_{(k)};y|x_{(j)})\geqslant 0$ 意味着对于给定的特征 $x_{(j)}$，r_k 也可用于度量由 $x_{(k)}$ 提供的分类信息量，即 r_k 可以准确地估计特征 $x_{(k)}$ 的预测性能。

基于等式(2.11)中定义的 r_k，特征 $x_{(k)}$ 的权重可被定义如下：

$$w_k=\begin{cases}1/r_k^{\delta}, & \text{if } r_k\geqslant\tau;\\ 1/\tau, & \text{否则}.\end{cases} \tag{2.12}$$

其中 δ 为一个正常数，$0<\tau\ll 1$ 为一个给定的阈值。如果 $r_k\geqslant\tau$，特征 $x_{(k)}$ 是非常重要的，反之其不能很好地预测 y。根据等式(2.12)，权重矩阵 W 可被构造为：

$$W=\mathrm{diag}(w_1,\cdots,w_p). \tag{2.13}$$

根据(2.13)，等式(2.4)中的加权 L_1 范数惩罚 $\|W\beta\|$ 可被重新表示为 $\sum_{j=1}^{p}w_j|\beta_j|$。为了最小化 $\sum_{j=1}^{p}w_j|\beta_j|$，系数 β_j 被自适应地加权。无关特征的重要性 r_k 很小，它们被分配较大的权重 w_k，进而将其系数 β_k 收缩为 0。相反地，重要的特征具有较小的权重 w_k，目的是为了保持它们的系数 β_k 不变。这种方法可以避免传统的有偏估计。

以上两种构造的权值只依赖于随机变量的概率分布而不依赖于其实际值，从而保证了所提出的 ASSR 模型的鲁棒性。另外，用于解决分类中的特征选择问题的 ASSR 模型可以直接并入线性回归模型中。

2.4.3 理论性能分析

令 $\rho_{jl}=x_{(j)}^{\mathrm{T}}x_{(l)}$，等式(2.4)中的 ASSR 模型可被重新表示为：

$$\hat{\beta}=\underset{\beta\in R^{p}}{\operatorname{argmin}}\{\|y-X\beta\|_2^2+\lambda(1-\alpha)\sum_{j=1}^{p}\sum_{l=1}^{p}\mu_{jl}[(1-\rho_{jl})(\beta_j^2+\beta_l^2)+\rho_{jl}(\beta_j-\beta_l)^2]+\lambda\alpha\|W\beta\|_1\}. \tag{2.14}$$

较大的 ρ_{jl} 值意味着特征 $x_{(l)}$ 和特征 $x_{(j)}$ 将有很大概率在同一组内。ASSR 模型的惩罚项将由 $\rho_{jl}(\beta_j-\beta_l)^2$ 起主要作用，将 β_j 和 β_l 的值趋于相等，本书称之为群体效应。有四种特殊情况：

- $\rho_{jl}=1$ 和 W 是一个单位矩阵：ASSR 将变为一个加权二次融合 Lasso。
- $\rho_{jl}\to 0$：ASSR 由 $(1-\rho_{jl})(\beta_j^2+\beta_l^2)$ 主导，系数 β_j 和 β_l 趋于 0。ASSR 转化为自适应弹性网络模型。
- $\mu_{jl}=0$：ASSR 转化为自适应 Lasso 模型。
- ρ_{jl} 为负的：$(1-\rho_{jl})(\beta_j^2+\beta_l^2)+\rho_{jl}(\beta_j-\beta_l)^2=(1-|\rho_{jl}|)(\beta_j^2+\beta_l^2)+|\rho_{jl}|(\beta_j+\beta_l)^2$，ASSR 激励 β_j 和 $-\beta_l$ 趋于相等。

对于给定数据 (X,y)，响应变量 y 是中心化的，预测子 X 是标准化的。令 $\hat{\beta}$ 是由 ASSR 模型得到的解。$\hat{\beta}$ 中的元素有如下的性质：

定理 2.1 如果 $\hat{\beta}_j\hat{\beta}_l>0(j\neq l)$，

$$|\hat{\beta}_j-\hat{\beta}_l|\leqslant\frac{2\|y\|_2\sqrt{2(1-\rho_{jl})}+\lambda\alpha\,|w_j-w_l|}{2\lambda(1-\alpha)\sum_{k=1}^{p}\mu_{jk}}+\left(\frac{2\|y\|_2+\lambda\alpha w_l}{2\lambda(1-\alpha)}\right)\times\left|\frac{1}{\sum_{k=1}^{p}\mu_{jk}}-\frac{1}{\sum_{k=1}^{p}\mu_{lk}}\right|+\left|\sum_{k=1}^{p}\left(\frac{\mu_{jk}\rho_{jk}}{\sum_{k=1}^{p}\mu_{jk}}-\frac{\mu_{lk}\rho_{lk}}{\sum_{k=1}^{p}\mu_{lk}}\right)\hat{\beta}_k\right|, \tag{2.15}$$

其中 $\rho_{jl}=x_{(j)}^{\mathrm{T}}x_{(l)}=\sum_{i=1}^{n}x_{ij}x_{il}$.

证明 2.3 根据等式(2.3)可得

$$L(\lambda,\alpha,\beta)=\|y-X\beta\|_2^2+\lambda\alpha\|W\beta\|_1+\lambda(1-\alpha)\sum_{j=1}^{p}\sum_{l=1}^{p}\mu_{jl}(\beta_j^2+\beta_l^2-2\rho_{jl}\beta_j\beta_l). \tag{2.16}$$

由于等式(2.4)是一个无约束的凸优化，且 $\hat{\beta}_j\hat{\beta}_j>0$，等式(2.3)关于 $\hat{\beta}_j$ 的子梯度为：

$$\frac{\partial L(\lambda,\alpha,\beta)}{\partial\beta_j}=2x_{(j)}^{\mathrm{T}}(y-X\beta)+\lambda\alpha w_j\operatorname{sign}(\beta_j)+ \\ 2\lambda(1-\alpha)(\beta_j\sum_{k=1}^{p}\mu_{jk}-\sum_{k=1}^{p}\mu_{jk}\rho_{jk}\beta_k), \tag{2.17}$$

$$\frac{\partial L(\lambda,\alpha,\beta)}{\partial\beta_l}=2x_{(l)}^{\mathrm{T}}(y-X\beta)+\lambda\alpha w_l\operatorname{sign}(\beta_l)+ \\ 2\lambda(1-\alpha)(\beta_l\sum_{k=1}^{p}\mu_{lk}-\sum_{k=1}^{p}\mu_{lk}\rho_{lk}\beta_k). \tag{2.18}$$

设等式(2.17)和等式(2.18)为 0，可得

$$\hat{\beta}_j=\frac{2x_{(j)}^{\mathrm{T}}(y-X\hat{\beta})-\lambda\alpha w_j\operatorname{sign}(\hat{\beta}_j)}{2\lambda(1-\alpha)\sum_{k=1}^{p}\mu_{jk}}+\frac{\sum_{k=1}^{p}\mu_{jk}\rho_{jk}\hat{\beta}_k}{\sum_{k=1}^{p}\mu_{jk}}. \tag{2.19}$$

$$\hat{\beta}_l=\frac{2x_{(l)}^{\mathrm{T}}(y-X\hat{\beta})-\lambda\alpha w_l\operatorname{sign}(\hat{\beta}_l)}{2\lambda(1-\alpha)\sum_{k=1}^{p}\mu_{lk}}+\frac{\sum_{k=1}^{p}\mu_{lk}\rho_{lk}\hat{\beta}_k}{\sum_{k=1}^{p}\mu_{lk}}. \tag{2.20}$$

$\hat{\beta}_j\hat{\beta}_l>0$ 意味着 $\operatorname{sign}(\hat{\beta}_j)=\operatorname{sign}(\hat{\beta}_l)$。等式(2.19)减等式(2.20)为

$$|\hat{\beta}_j-\hat{\beta}_l|=\frac{2x_{(j)}^{\mathrm{T}}(y-X\hat{\beta})-\lambda\alpha w_j}{2\lambda(1-\alpha)\sum_{k=1}^{p}\mu_{jk}}-\frac{2x_{(l)}^{\mathrm{T}}(y-X\hat{\beta})-\lambda\alpha w_l}{2\lambda(1-\alpha)\sum_{k=1}^{p}\mu_{lk}} \\ +\frac{\sum_{k=1}^{p}\mu_{jk}\rho_{jk}\hat{\beta}_k}{\sum_{k=1}^{p}\mu_{jk}}-\frac{\sum_{k=1}^{p}\mu_{lk}\rho_{lk}\hat{\beta}_k}{\sum_{k=1}^{p}\mu_{lk}}.$$

令 $D=\left|\frac{2x_{(j)}^{\mathrm{T}}(y-X\hat{\beta})-\lambda\alpha w_j}{\sum_{k=1}^{p}\mu_{jk}}-\frac{2x_{(l)}^{\mathrm{T}}(y-X\hat{\beta})-\lambda\alpha w_l}{\sum_{k=1}^{p}\mu_{lk}}\right|$。

$$|\hat{\beta}_j-\hat{\beta}_l|\leqslant\frac{D}{2\lambda(1-\alpha)}+\left|\sum_{k=1}^{p}\left(\frac{\mu_{jk}\rho_{jk}}{\sum_{k=1}^{p}\mu_{jk}}-\frac{\mu_{lk}\rho_{lk}}{\sum_{k=1}^{p}\mu_{lk}}\right)\hat{\beta}_k\right|, \tag{2.21}$$

由于 $\left|\frac{a}{b}-\frac{c}{d}\right|\leqslant\left|\frac{a-c}{b}\right|+|c|\left|\frac{1}{b}-\frac{1}{d}\right|$，则

$$D \leqslant \left| \frac{2(x_{(j)} - x_{(l)})^{\mathrm{T}}(y - X\hat{\beta}) - \lambda\alpha(w_j - w_l)}{\sum_{k=1}^{p}\mu_{jk}} \right| + \left| 2x_{(l)}^{\mathrm{T}}(y - X\hat{\beta}) - \lambda\alpha w_l \operatorname{sign}(\hat{\beta}_l) \right| \left| \frac{1}{\sum_{k=1}^{p}\mu_{jk}} - \frac{1}{\sum_{l=1}^{p}\mu_{lk}} \right|. \tag{2.22}$$

此外，根据 ASSR 的构造方式，可得 $\| y-X\hat{\beta} \|_2^2 \leqslant L(\hat{\beta}) \leqslant L(\beta=0) = \| y \|_2^2$。

$$(x_{(j)}-x_{(l)})^{\mathrm{T}}(y-X\hat{\beta}) \leqslant \| x_{(j)}-x_{(l)} \|_2 \times \| y-X\hat{\beta} \|_2 \leqslant \| y \|_2 \sqrt{2(1-\rho_{jl})}. \tag{2.23}$$

$$\left| 2x_{(l)}^{T}(y-X\hat{\beta}) - \lambda\alpha w_l \operatorname{sign}(\hat{\beta}_l) \right| \leqslant 2\| y \|_2 + \lambda\alpha w_l. \tag{2.24}$$

通过将(2.23)和(2.24)代入(2.22)，可得

$$D \leqslant \frac{2\| y \|_2 \sqrt{2(1-\rho_{jl})} + \lambda\alpha |w_j - w_l|}{\sum_{k=1}^{p}\mu_{jk}} + (2\| y \|_2 + \lambda\alpha w_l) \left| \frac{1}{\sum_{k=1}^{p}\mu_{jk}} - \frac{1}{\sum_{k=1}^{p}\mu_{lk}} \right|. \tag{2.25}$$

将(2.25)代入(2.21)可得(2.15)。

定理2.1给出两个回归系数 $\hat{\beta}_j$ 和 $\hat{\beta}_l$ 绝对差的上界。如果 $\rho_{jl} \to 1$ 和 $s_{jl} \to 1$，(2.15)将收敛到0。因此 ASSR 具有自适应分组效应。

类似于融合 Lasso 模型[168]，在给定 p 和样本满足 $n \to \infty$ 的条件下，我们推导了 ASSR 系数估计过程的渐近性质。令 $\lambda = \lambda_n^{(1)} + \lambda_n^{(2)}$ 和 $\alpha = \frac{\lambda_n^{(1)}}{\lambda_n^{(1)} + \lambda_n^{(2)}}$。ASSR 准则(2.3)可被重新表达为：

$$\sum_{i=1}^{n}(y_i - x_i^{\mathrm{T}}\beta)^2 + \lambda_n^{(2)} \sum_{j=1}^{p}\sum_{l=1}^{p}\mu_{jl} \| x_{(j)}\beta_j - x_{(l)}\beta_l \|_2^2 + \lambda_n^{(1)} \| W\beta \|_1, \tag{2.26}$$

其中拉格朗日乘子 $\lambda_n^{(1)}$ 和 $\lambda_n^{(2)}$ 为 n 的函数。

定理2.2 如果 $\frac{\lambda_n^{(l)}}{\sqrt{n}} \to \lambda_0^{(l)} \geqslant 0 (l=1,2)$ 和 $C = \lim_{n\to\infty}(\frac{1}{n}\sum_{i=1}^{n} x_i x_i^{\mathrm{T}})$ 是非奇异的，

$$\sqrt{n}(\hat{\beta}_n - \hat{\beta}) \to_d \operatorname{argmin}(V(u)), \tag{2.27}$$

其中

$$V(u) = -2u^{\mathrm{T}}W + u^{\mathrm{T}}Cu + 2\lambda_0^{(2)}\sum_{j=1}^{p}\sum_{l=1}^{p}\mu_{jl}\| x_{(j)}\beta_j - x_{(l)}\beta_l \|_2 \times$$

$$\| x_{(j)}u_j - x_{(l)}u_l \|_2 + \lambda_0^{(1)}\sum_{j=1}^{p} w_j\{u_j \operatorname{sign}(\beta_j) I(\beta_j \neq 0) + |u_j| I(\beta_j = 0)\},$$

W 服从 $N(0,\sigma^2 C)$分布。

证明 2.4 定义 $V_n(u)$为

$$V_n(u) = \sum_{i=1}^{n}\{(\varepsilon_i - u^{\mathrm{T}}x_i/\sqrt{n}) - \varepsilon_i^2\} + \lambda_n^{(2)}\sum_{j=1}^{p}\sum_{l=1}^{p}\{\mu_{jl}(\| x_{(j)}\beta_j - x_{(l)}\beta_l \|_2 +$$

$$\| x_{(j)}u_j - x_{(l)}u_l \|_2/\sqrt{n})^2 - \mu_{jl}(\| x_{(j)}\beta_j - x_{(l)}\beta_l \|_2)^2\} +$$

$$\lambda_n^{(1)}\sum_{j=1}^{p} w_j(|\beta_j + u_j/\sqrt{n}| - |\beta_j|).$$

显然地，V_n 在$\sqrt{n}(\hat{\beta}_n - \beta)$处达到最小值。由于

$$\sum_{i=1}^{n}\{(\varepsilon_i - u^{\mathrm{T}}x_i/\sqrt{n}) - \varepsilon_i^2\} \to -2u^{\mathrm{T}}W + u^{\mathrm{T}}Cu$$

有限维收敛性一般是成立的，可得
$\lambda_n^{(2)}\sum_{j=1}^{p}\sum_{l=1}^{p}\{\mu_{jl}(\| x_{(j)}\beta_j - x_{(l)}\beta_l \|_2 + \| x_{(j)}u_j - x_{(l)}\mu_l \|_2/\sqrt{n})^2 - \mu_{jl}(\| x_{(j)}\beta_j - x_{(l)}\beta_l \|_2)^2\} \to 2\lambda_0^{(2)}\sum_{j=1}^{p}\sum_{l=1}^{p}\mu_{jl}\| x_{(j)}\beta_j - x_{(l)}\beta_l \|_2 \times \| x_{(j)}u_j - x_{(l)}u_l \|_2$ 和 $\lambda_n^{(1)}\sum_{j=1}^{p} w_j(|\beta_j + u_j/\sqrt{n}| - |\beta_j|) \to \lambda_0^{(1)}\sum_{j=1}^{p} w_j\{u_j \operatorname{sign}(\beta_j) I(\beta_j \neq 0) + |u_j| I(\beta_j = 0)\}$ 。因此，$V_n(u) \to_d V(u)$有限维收敛性一般成立。由于 V_n 是凸的，V 有唯一最小值[175]，可得：

$$\operatorname{argmin}(V_n) = \sqrt{n}(\hat{\beta}_n - \beta) \to_d \operatorname{argmin}(V).$$

假设 $\rho_{12} > 0$，若 $\beta_1 > \beta_2$，则可得$(\sqrt{n}(\hat{\beta}_1 - \beta_1), \sqrt{n}(\hat{\beta}_2 - \beta_2))$的联合极限分布概率集中在 $u_1 < u_2$ 上，对应于 $\hat{\beta}_1 - \hat{\beta}_2 < \beta_1 - \beta_2$。由于 $\operatorname{sign}(\hat{\beta}_1 - \hat{\beta}_2) = \operatorname{sign}((\beta_1 + u_1/\sqrt{n}) - (\beta_2 + u_2/\sqrt{n})) = \operatorname{sign}(\beta_1 - \beta_2)$，则 $\hat{\beta}_1 - \hat{\beta}_2 < \beta_1 - \beta_2$ 表示群体效应对估计系数 $\hat{\beta}_1, \hat{\beta}_2$ 的影响。在极端情况下，$\beta_1 = \beta_2$，我们可以得到 Lasso 类模型效应的渐近结果 $\lambda_n^{(1)}/\sqrt{n} \to \lambda_0^{(l)} \geqslant 0 (l = 1, 2)$。

引理 2.1 对于 $\forall\beta\in R^p$，$\sum_{j=1}^{p}\sum_{l=1}^{p}\mu_{jl}\|x_{(j)}\beta_j-x_{(l)}\beta_l\|_2^2=\beta^{\mathrm{T}}A\beta\geqslant 0$，其中 A 为一个二次型矩阵：

$$A=\begin{pmatrix} 2\sum_{j\neq 1}^{p}\mu_{1j} & -2\mu_{12}\rho_{12} & \cdots & -2\mu_{1p}\rho_{1p} \\ -2\mu_{21}\rho_{21} & 2\sum_{j\neq 2}^{p}\mu_{2j} & \cdots & -2\mu_{2p}\rho_{2p} \\ \vdots & \vdots & \ddots & \vdots \\ -2\mu_{p1}\rho_{p1} & -2\mu_{p2}\rho_{p2} & \cdots & 2\sum_{j\neq p}^{p}\mu_{pj} \end{pmatrix}.$$

证明 2.5 对于 $\forall i,j=1,\cdots,p$，显然可得 $\mu_{jl}\geqslant 0$ 和 $\|x_{(j)}\beta_j-x_{(l)}\beta_l\|_2^2\geqslant 0$。因此，$\sum_{j=1}^{p}\sum_{l=1}^{p}\mu_{jl}\|x_{(j)}\beta_j-x_{(l)}\beta_l\|_2^2\geqslant 0$。此外，$\sum_{j=1}^{p}\sum_{l=1}^{p}\mu_{jl}\|x_{(j)}\beta_j-x_{(l)}\beta_l\|_2^2=\sum_{j=1}^{p}\sum_{l=1}^{p}\mu_{jl}(\beta_j^2+\beta_l^2-2\rho_{jl}\beta_j\beta_l)$ 是一个二次齐次多项式 $\beta_1,\beta_2,\cdots,\beta_p$。然后将二次齐次多项式转化为二次型的矩阵表示形式：

$$\begin{aligned}
&\sum_{j=1}^{p}\sum_{l=1}^{p}\mu_{jl}(\beta_j^2+\beta_l^2-2\rho_{jl}\beta_j\beta_l)\\
&=[2\mu_{11}(1-\rho_{11})+\mu_{12}+\cdots+\mu_{1p}+\mu_{21}+\cdots+\mu_{p1}]\beta_1^2\\
&+[\mu_{21}+2\mu_{22}(1-\rho_{11})+\cdots+\mu_{2p}+\mu_{12}+\cdots+\mu_{p2}]\beta_2^2\\
&\cdots\\
&+[\mu_{p1}+\mu_{p2}+\cdots+2\mu_{pp}(1-\rho_{pp})+\mu_{1p}+\cdots+\mu_{(p-1)p}]\beta_p^2\\
&-2\mu_{12}\rho_{12}\beta_1\beta_2-2\mu_{13}\rho_{13}\beta_1\beta_3-\cdots-2\mu_{1p}\rho_{1p}\beta_1\beta_p\\
&-2\mu_{21}\rho_{21}\beta_2\beta_1-2\mu_{23}\rho_{23}\beta_2\beta_3-\cdots-2\mu_{2p}\rho_{2p}\beta_2\beta_p\\
&\cdots\\
&-2\mu_{p1}\rho_{p1}\beta_p\beta_1-2\mu_{p2}\rho_{p2}\beta_p\beta_2-\cdots-2\mu_{p(p-1)}\rho_{p(p-1)}\beta_p\beta_{p-1},
\end{aligned}$$

由于当 $j=l$ 时满足 $\mu_{jl}=\mu_{lj}$，$\rho_{jl}=\rho_{lj}$，$\rho_{jl}=1$，那么

$$\sum_{j=1}^{p}\sum_{l=1}^{p}\mu_{jl}(\beta_j^2+\beta_l^2-2\rho_{jl}\beta_j\beta_l)$$

$$=2\sum_{j\neq 1}^{p}\mu_{1j}\beta_1^2-2\mu_{12}\rho_{12}\beta_1\beta_2-\cdots-2\mu_{1p}\rho_{1p}\beta_1\beta_p$$

$$-2\mu_{21}\rho_{21}\beta_2\beta_1+2\sum_{j\neq 2}^{p}\mu_{2j}\beta_2^2-\cdots-2\mu_{2p}\rho_{2p}\beta_2\beta_p$$

$$\cdots$$

$$-2\mu_{p1}\rho_{p1}\beta_p\beta_1-2\mu_{p2}\rho_{p2}\beta_p\beta_2-\cdots+2\sum_{j\neq p}^{p}\mu_{pj}\beta_p^2$$

$$=\beta^{\mathrm{T}}2\begin{Bmatrix}\sum_{j\neq 1}^{p}\mu_{1j} & -2\mu_{12}\rho_{12} & \cdots & -2\mu_{1p}\rho_{1p}\\ -2\mu_{21}\rho_{21} & 2\sum_{j\neq 2}^{p}\mu_{2j} & \cdots & -2\mu_{2p}\rho_{2p}\\ \vdots & \vdots & \ddots & \vdots\\ -2\mu_{p1}\rho_{p1} & -2\mu_{p2}\rho_{p2} & \cdots & 2\sum_{j\neq p}^{p}\mu_{pj}\end{Bmatrix}\beta.$$

即 $\sum_{j=1}^{p}\sum_{l=1}^{p}\mu_{jl}\parallel x_{(j)}\beta_j-x_{(l)}\beta_l\parallel_2^2=\beta^{\mathrm{T}}A\beta\geqslant 0$ 是一个半正定二次型，其中 A 是一个半正定矩阵。

引理 2.1 证明 A 是一个半正定矩阵，也给出了其具体元素值。基于引理 2.1，ASSR 模型也可表示为：

$$\hat{\beta}=\underset{\beta\in R^p}{\operatorname{argmin}}\{\parallel y-X\beta\parallel_2^2+\lambda(1-\alpha)\beta^{\mathrm{T}}A\beta+\lambda\alpha\parallel W\beta\parallel_1\}.\tag{2.28}$$

将 $\lambda_n^{(1)}$ 和 $\lambda_n^{(2)}$ 替换 λ 和 α，可得

$$\hat{\beta}=\underset{\beta\in R^p}{\operatorname{argmin}}\{\parallel y-X\beta\parallel_2^2+\lambda_n^{(2)}\beta^{\mathrm{T}}A\beta+\lambda_n^{(1)}\parallel W\beta\parallel_1\}.\tag{2.29}$$

类似于文献[31]，ASSR 也具有变量选择一致性。假设 $\beta=(\beta_1,\cdots,\beta_q,\beta_{q+1},\cdots,\beta_p)^{\mathrm{T}}$，其中当 $j=1,\cdots,q$ 时，$\beta_j\neq 0$，当 $j=q+1,\cdots,p$ 时，$\beta_j=0$。令 $\beta_{(1)}=(\beta_1,\cdots,\beta_q)$，$\beta_{(2)}=(\beta_{q+1},\cdots,\beta_p)$，权重向量 $\beta_{(1)}$ 为 $w_{(1)}=W_{(1)}e_{(1)}$，$e_{(1)}$ 为元素值都为 1 的 q 维向量。$X(1)$ 和 $X(2)$ 分别表示 X 的前 q 个和最后 $p-q$ 输入值。$C^n=\frac{1}{n}X^{\mathrm{T}}X$ 可表示为 $C^n=\begin{pmatrix}C_{11}^n & C_{12}^n\\ C_{21}^n & C_{22}^n\end{pmatrix}$。$C_{11}^n=\frac{1}{n}X(1)^{\mathrm{T}}X(1)$，$C_{12}^n=\frac{1}{n}X(1)^{\mathrm{T}}X(2)$，$C_{21}^n=\frac{1}{n}X(2)^{\mathrm{T}}X(1)$ 以及 $C_{22}^n=\frac{1}{n}X(2)^{\mathrm{T}}X(2)$。我们假设

以下正则条件：(i)当$n\to\infty$时，$C^n\to C$，C是一个正定矩阵，C_{11}为可逆的。(ii)当$n\to\infty$时，$\frac{1}{n}\max\limits_{1\leqslant i\leqslant n}x_i^{\mathrm{T}}x_i\to 0$。因此，如果存在参数$\lambda_n^{(1)}=f(n)$和$\lambda_n^{(2)}=f(n)$，那么ASSR模型是符号一致的，则

$$\lim_{n\to\infty}P(\operatorname{sign}(\hat{\beta})=\operatorname{sign}(\beta))=1. \tag{2.30}$$

为了证明ASSR的符号一致性，我们定义了以下Irrepresentable条件。

定义2.1 ASSR的符号一致性的强Irrepresentable条件为$\left|C_{21}^nC_{11}^{-n}\operatorname{sign}(\beta_{(1)})-\frac{2\lambda_n^{(2)}}{\lambda_n^{(1)}}(C_{21}^nC_{11}^{-n}A_{11}-A_{21})w_{(1)}^{-1}\beta_{(1)}\right|\leqslant 1-\eta$，其中$\eta$是一个正常数向量。

定义2.2 ASSR的符号一致性的弱Irrepresentable条件为$\left|C_{21}^nC_{11}^{-n}\operatorname{sign}(\beta_{(1)})-\frac{2\lambda_n^{(2)}}{\lambda_n^{(1)}}(C_{21}^nC_{11}^{-n}A_{11}-A_{21})w_{(1)}^{-1}\beta_{(1)}\right|<1$。

定理2.3 对于固定的q和p，X在两个正则条件下，如果定义2.1中的强Irrepresentable条件适用于一些满足$\lambda_n^{(1)}/n\to 0$，$\lambda_n^{(2)}/n\to 0$，$\lambda_n^{(1)}/(n^{(1+c_1)/2})\to\infty$和$\lambda_n^{(2)}/(n^{(1+c_2)/2})\to\infty$的参数$\lambda_n^{(1)}$，$\lambda_n^{(2)}>0$，那么ASSR是符号一致的。

证明2.6 令$\hat{u}=\hat{\beta}-\beta=(\hat{u}_{(1)},\hat{u}_{(2)})$，$\hat{u}_{(1)}$和$\hat{u}_{(2)}$分别表示$u$的前$q$个和最后$p-q$个输入值。符号一致可被表示为：

$$|\hat{u}_{(1)}|<|\beta_{(1)}|,\hat{u}_{(2)}=0. \tag{2.31}$$

通过定义$V(u)=\|\varepsilon-Xu\|^2+\lambda_n^{(2)}(u+\beta)^{\mathrm{T}}A(u+\beta)+\lambda_n^{(1)}\|W(u+\beta)\|_1$，$\hat{u}=\underset{u}{\operatorname{argmin}}V(u)$。令$S=X^{\mathrm{T}}\varepsilon/\sqrt{n}=(S(1),S(2))^{\mathrm{T}}$，其中$S(1)$和$S(2)$分别表示为$S$的前$q$个和最后$p-q$个输入值。

$$\frac{\partial\|\varepsilon-Xu\|^2}{\partial u}=\frac{\partial}{\partial u}(u^{\mathrm{T}}X^{\mathrm{T}}Xu-2\varepsilon^{\mathrm{T}}Xu)=2(X^{\mathrm{T}}X)u-2\sqrt{n}S, \tag{2.32}$$

$$\begin{aligned}\frac{\partial(\lambda_n^{(2)}(u+\beta)^{\mathrm{T}}A(u+\beta))}{\partial u}&=\lambda_n^{(2)}\frac{\partial}{\partial u}(u^{\mathrm{T}}Au+2\beta^{\mathrm{T}}Au)\\&=2\lambda_n^{(2)}(Au+A^{\mathrm{T}}\beta),\end{aligned} \tag{2.33}$$

则

$$\frac{\partial\{\|\varepsilon-Xu\|^2+\lambda_n^{(2)}(u+\beta)^{\mathrm{T}}A(u+\beta)\}}{\partial u} \\ =2(\sqrt{n}C^n+\frac{\lambda_n^{(2)}}{\sqrt{n}}A)\sqrt{n}u-2\sqrt{n}S+2\lambda_n^{(2)}A^{\mathrm{T}}\beta. \tag{2.34}$$

根据文献[31]中的引理1、等式(2.31)和(2.34),我们得到下面三个式子:

$$(C_{11}^n+\frac{\lambda_n^{(2)}}{n}A_{11})\sqrt{n}\hat{u}_{(1)}-S(1)+\frac{\lambda_n^{(2)}}{\sqrt{n}}A_{11}\beta_{(1)}=-\frac{\lambda_n^{(1)}w_{(1)}}{2\sqrt{n}}\mathrm{sign}(\beta_{(1)}), \tag{2.35}$$

$$|\hat{u}_{(1)}|<|\beta_{(1)}|, \tag{2.36}$$

$$-\frac{\lambda_n^{(1)}w_{(1)}}{2\sqrt{n}}1\leqslant(C_{21}^n+\frac{\lambda_n^{(2)}}{n}A_{21})\sqrt{n}\hat{u}_{(1)}-S(2)+\frac{\lambda_n^{(2)}}{\sqrt{n}}A_{21}\beta_{(1)}\leqslant\frac{\lambda_n^{(1)}w_{(1)}}{2\sqrt{n}}1. \tag{2.37}$$

令 $\tilde{C}_{11}^n=C_{11}^n+\frac{\lambda_n^{(2)}}{n}A_{11}$ 和 $\tilde{C}_{21}^n=C_{21}^n+\frac{\lambda_n^{(2)}}{n}A_{21}$,通过等式(2.35)计算 $\hat{u}_{(1)}$。

$$\hat{u}_{(1)}=\frac{\tilde{C}_{11}^{-n}S(1)}{\sqrt{n}}-\frac{\lambda_n^{(2)}}{n}\tilde{C}_{11}^{-n}A_{11}\beta_{(1)}-\frac{\lambda_n^{(1)}w_{(1)}}{2n}\tilde{C}_{11}^{-n}\mathrm{sign}(\beta_{(1)}). \tag{2.38}$$

根据(2.38)和(2.36),可得

$$|\tilde{C}_{11}^{-n}S(1)|<\sqrt{n}\left(|\beta_{(1)}|-\left|\frac{\lambda_n^{(2)}}{n}\tilde{C}_{11}^{-n}A_{11}\beta_{(1)}+\frac{\lambda_n^{(1)}w_{(1)}}{2n}\tilde{C}_{11}^{-n}\mathrm{sign}(\beta_{(1)})\right|\right). \tag{2.39}$$

将(2.38)代入(2.37),可得

$$|\tilde{C}_{21}^n\tilde{C}_{11}^{-n}S(1)-S(2)|\leqslant\frac{\lambda_n^{(1)}w_{(1)}}{2\sqrt{n}}\Big(1-\Big|C_{21}^nC_{11}^{-n}\times \\ \mathrm{sign}(\beta_{(1)})-\frac{2\lambda_n^{(2)}}{\lambda_n^{(1)}}(C_{21}^nC_{11}^{-n}A_{11}-A_{21})w_{(1)}^{-1}\beta_{(1)}\Big|\Big), \tag{2.40}$$

其中 $\tilde{C}_{11}^{-n}S(1)\to_d N(0,\sigma^2C_{11}^{-1})$ 以及

$$\tilde{C}_{21}^n\tilde{C}_{11}^{-n}S(1)-S(2)\to_d N(0,\sigma^2(C_{22}-C_{21}C_{11}^{-1}C_{12})). \tag{2.41}$$

由于 $\lambda_n^{(2)}/n\to0$,则 $\tilde{C}_{11}^n=C_{11}^n+\frac{\lambda_n^{(2)}}{n}A_{11}\to C_{11}^n$ 以及 $\tilde{C}_{21}^n=C_{21}^n+\frac{\lambda_n^{(2)}}{n}A_{21}\to C_{21}^n$。

定理 2.4 对于固定的 q 和 p,X 在两个正则条件下,如果定义 2.2 中的弱

Irrepresentable 条件适用于一些满足 $\lambda_n^{(2)}/n \to 0$ 的参数 $\lambda_n^{(1)}, \lambda_n^{(2)} > 0$，那么 ASSR 是符号一致的。

证明 2.7 类似于定理 2.3，根据(2.35)和(2.37)可得

$$\frac{\lambda_n^{(1)} w_{(1)}}{2\sqrt{n}}(-1+(C_{21}^n C_{11}^{-n} \times \mathrm{sign}(\beta_{(1)}) - \frac{2\lambda_n^{(2)}}{\lambda_n^{(1)}}(C_{21}^n \times C_{11}^{-n} A_{11} - A_{21}) w_{(1)}^{-1} \beta_{(1)})) \leqslant (\tilde{C}_{21}^n \tilde{C}_{11}^{-n} S(1) - S(2)) \tag{2.42}$$

以概率 1 满足。通过用反证法证明，我们假设定理 2.2 不成立，在$(C_{21}^n C_{11}^{-n} \times \mathrm{sign}(\beta_{(1)}) - \frac{2\lambda_n^{(2)}}{\lambda_n^{(1)}}(C_{21}^n C_{11}^{-n} A_{11} - A_{21}) w_{(1)}^{-1} \beta_{(1)})$中必须存在大于 1 的元素，即在$(\tilde{C}_{21}^n \tilde{C}_{11}^{-n} S(1) - S(2))$中存在至少一个正元素。然而，(2.41)意味着有一个非零的概率，即(2.42)右侧的任何元素都是负的。结果是矛盾的。

定理 2.3 和定理 2.4 表明，在矩阵 C 和 A 的某些限制条件下，ASSR 模型的符号一致性是成立的。

2.5 实验结果

我们将 ASSR 模型与现有的五种稀疏学习模型：Lasso[27]，弹性网络(EN)[81]，部分自适应弹性网络(PAEN)[98]，加权融合(WF)[86]以及成对约束指导的稀疏模型(CGS)[166]进行了对比。实验是使用 Intel(R) Core(TM) i5-6500 CPU @ 3.20 GHz 计算机(具有 8.00 GBytes 的主 RAM 内存)在 Windows Server 2010 标准上运行的。

将 Lasso，EN，PAEN，WF 以及 ASSR 在 10 个基准数据集上分别处理了回归和二分类任务。由于 CGS 使用数据的局部判别结构，它只能处理分类任务。评估这五种模型性能的主要指标是均方根误差(RMSE)、分类精度(CA)和所选特征数目(NFS)。RMSE 是回归模型常用的评估指标，可被定义为：$\mathrm{RMSE} = \sqrt{\frac{1}{n}\sum_{i=1}^{n}(y_i - \hat{y}_i)^2}$。分类精度是分类问题常用的评估指标，可被定义为 $CA = \frac{1}{n}\sum_{i=1}^{n} I(y_i = \hat{y}_i)$。所选特征数目(NFS)为非零估计系数的个数，其可以反映特征选择性能。

为了评估在每个类别的分类性能，以下给出了统计指标（TPR，TNR，R，P以及F-Measure）的定义[176]。正确预测为正的占全部实际为正的比例被称为真正率（TPR）或灵敏性：$TPR=\frac{TP}{TP+FN}$，其中TP：True Positive，被判定为正样本，事实上也是正样本。FN：False Negative，被判定为负样本，但事实上是正样本。正确预测为负的占全部实际为负的比例被称为真负率（TNR）或特异性：$TNR=\frac{TN}{TN+FP}$，其中TN：True Negative，被判定为负样本，事实上也是负样本。FN：False Negative，被判定为负样本，但事实上是正样本。Recall（召回率），表示在原始样本的正样本中，最后被正确预测为正样本的概率：$R=\frac{TP}{TP+FN}$。Precision（精确率，也叫查准率），表示预测结果中，预测为正样本的样本中，正确预测为正样本的概率；$P=\frac{TP}{TP+FP}$。F-Measure表示的是Precision和Recall的调和平均评估指标：$F_1=\frac{2PR}{P+R}=\frac{2TP}{2TP+FP+FN}$。F-Measure是衡量每个类的分类性能的综合评价指标。

表2.1 实验中使用的基准数据

Task	Dataset	Features	Samples	Domain
回归	WPBC	14	198	UCI
	Forest Fires	13	517	UCI
	PT	26	5875	UCI
	AEP	29	19735	UCI
分类	Ionosphere	34	351	UCI
	Musk (Version 1)	168	476	UCI
	PCMAC	3289	1943	Text Data
	Lung	1000	156	Microarray
	Colon	2000	62	Microarray
	Prostate-GE	5966	102	Microarray

Lasso，EN，PAEN，WF以及ASSR所有五种模型首先在四个常用的UCI数据集上进行比较：威斯康星州的预后乳腺癌数据集（Wisconsin prognostic breast cancer，WPBC)，森林大火数据集(Forest Fires)，帕金森远程监测数据集(Parkinsons Tele-monitoring，PT)，家电能源预测数据(Appliances energy prediction，AEP)。所有六个模型(包括 CGS)在以下六个基准数据集上进行了比较：Ionosphere，Musk(Version 1)，PCMAC，Lung，Colon 和 Prostate-GE。表 2.1 给出了这些数据集的详细统计信息。WPBC，Forest Fires，PT，AEP，Ionosphere，Musk(Version 1)，PCMAC 可见 UCI①。Colon 和 Prostate-GE 可以在线下载②。Lung 数据集③描述了 12626 个转录序列对应的表达水平和 4 种样本：139 个腺癌样本，21 个鳞状细胞癌样本，20 个类癌样本以及 17 个正常肺部组织样本。根据文献[177]中的思想，肺癌的诊断可以看作是区分肺腺癌和正常肺组织的二分类问题。类似于文献[178]中的数据预处理过程，Lung 数据集经过预处理后保留了一个包含 1000 个基因的数据集。

2.5.1 回归任务

Lasso，EN，PAEN，WF 和 ASSR 所有五个模型在四个 UCI 数据集 WPBC，Forest Fires，PT 和 AEP 上执行回归任务。我们采用随机划分法对五种回归模型的回归性能进行评价。我们将四个数据集随机分成两个子集。数据集的三分之二为训练样本，另外三分之一是测试样本。我们在每个数据集上重复实验 20 次，并用平均均方根误差(ARMSE)和平均特征选择数(ANFS)的结果来评价五种模型的预测性能和特征选择性能。实验结果见表 2.2。

---

① http://archive.ics.uci.edu/ml/index.php

② http://featureselection.asu.edu/datasets.php

③ http://www.broadinstitute.org/cgi-bin/cancer/publications/view/87

表 2.2　五个模型四个数据集上的回归任务的实验结果

Model	WPBC		Forest Fires		PT		AEP	
	ARMSE	ANFS	ARMSE	ANFS	ARMSE	ANFS	ARMSE	ANFS
Lasso	32.873	5.55	63.044	2.70	7.809	12.50	14.613	1.95
	(1.521)	(2.085)	(40.867)	(4.269)	(0.085)	(1.658)	(0.067)	(2.212)
EN	32.885	7.85	62.261	2.75	7.808	13.00	14.513	2.20
	(1.273)	(2.080)	(41.086)	(4.423)	(0.086)	(1.483)	(0.067)	(2.215)
PAEN	32.915	9.10	62.492	3.20	7.777	12.95	14.555	2.80
	(1.488)	(2.827)	(41.571)	(4.234)	(0.128)	(1.910)	(0.064)	(3.286)
WF	32.905	7.25	62.351	3.15	7.828	11.85	14.510	1.85
	(1.977)	(2.487)	(41.005)	(4.030)	(0.090)	(1.652)	(0.066)	(2.519)
ASSR	31.454	4.95	61.800	2.70	7.702	11.60	14.475	1.80
	(1.321)	(1.071)	(41.559)	(2.774)	(0.075)	(0.883)	(0.064)	(2.191)

从表格 2.2 中可得到，在所有四个 UCI 数据集上，ASSR 模型比其他四个回归模型得到的 ARMSE 小。在 WPBC、PT 和 AEP 数据集上，与其他四个模型相比，ASSR 选择最少数的特征作为关键特征。在 Forest Fires 数据上，ASSR 选择与 Lasso 相似数量的特征，都比其他三个模型少。总的来说，与其他四种模型相比，ASSR 总是选择较少但更重要的特征，这意味着这些特征中的大多数对预测性能是有利的。此外，在五种模型中，ASSR 的预测性能和特征选择性能的标准差最小，这意味着 ASSR 在所有对比的模型中最稳定。

2.5.2 分类任务

所有六个模型在 Ionosphere，Musk（Version 1），PCMAC，Lung，Colon 和 Prostate-GE 六个数据集上执行二分类任务。结果展示在表格 2.3 中。从表格 2.3 可得到除了在 PCMAC 数据集以外，ASSR 取得了最大平均分类精度（ACA）。在所有六个数据集上，ASSR 获得了六个模型中最高的 ACA 和最小的平均标准差。特别地，在 Colon 数据集上，与 WF 相比，ASSR 显著地改进了 ACA，精度增加了 5.9％。此外，平均特征选择数（ANFS）是一个重要因素，它表明选择的特征越多，倾向于过度拟合数据，选择的特征数量越少，则该模型特征选择性能越好。

表 2.3　所有模型在六个基准数据集上的分类任务实验结果

Index	Dataset	Lasso	EN	PAEN	WF	CGS	ASSR
ACA	Ionosphere	0.850	0.853	0.852	0.855	0.856	0.861
		(0.026)	(0.028)	(0.031)	(0.031)	(0.028)	(0.027)
	Musk(Version 1)	0.748	0.750	0.750	0.751	0.753	0.764
		(0.036)	(0.032)	(0.033)	(0.030)	(0.031)	(0.033)
	PCMAC	0.758	0.783	0.778	0.772	0.798	0.793
		(0.136)	(0.108)	(0.122)	(0.065)	(0.047)	(0.038)
	Lung	0.869	0.870	0.876	0.893	0.897	0.903
		(0.057)	(0.057)	(0.043)	(0.042)	(0.040)	(0.040)
	Colon	0.795	0.798	0.781	0.786	0.802	0.845
		(0.077)	(0.074)	(0.083)	(0.071)	(0.073)	(0.047)
	Prostate-GE	0.926	0.928	0.921	0.934	0.926	0.949
		(0.032)	(0.035)	(0.053)	(0.036)	(0.036)	(0.023)
	Aver.	0.824	0.830	0.826	0.831	0.839	0.853
		(0.061)	(0.056)	(0.061)	(0.046)	(0.043)	(0.035)
ANFS	Ionosphere	5.15	5.25	10.25	7.00	7.10	4.70
		(1.276)	(1.020)	(3.477)	(3.403)	(2.095)	(1.081)
	Musk(Version 1)	15.50	20.20	22.65	20.10	20.40	19.60
		(3.667)	(4.389)	(4.521)	(2.681)	(2.905)	(2.728)
	PCMAC	60.40	55.45	65.50	47.75	32.50	23.25
		(65.756)	(57.872)	(50.077)	(19.547)	(19.565)	(8.537)
	Lung	26.25	31.70	35.25	17.50	17.45	18.25
		(8.245)	(3.195)	(10.372)	(4.955)	(5.356)	(4.795)
	Colon	17.30	27.20	29.50	26.90	26.45	16.45
		(6.783)	(9.367)	(13.858)	(6.112)	(6.289)	(2.481)
	Prostate-GE	21.65	36.20	36.35	32.45	29.30	16.55
		(8.425)	(7.467)	(13.665)	(11.610)	(5.283)	(5.286)
	Aver.	24.38	29.33	33.25	25.28	22.20	16.47
		(15.692)	(13.885)	(15.995)	(8.051)	(6.916)	(4.151)

我们可以从表格 2.3 中观察到，在 Ionosphere，PCMAC，Colon 和 Prostate-GE 数据集上，ASSR 优于其他五种模型。在 Musk(Version 1)和 Lung 数据集上，虽然 ASSR 的 ANFS 值略高于 Lasso，但 ASSR 都获得了比与 Lasso 和

CGS 更高的 ACA。这表明这些额外选择的特征中的大多数可能是高度相关的，有利于分类。在所有六个数据集中，ASSR 在五个模型中选择了最小的平均 ANFS。综上所述，ASSR 在特征选择性能方面优于其他五种模型。ACA 和 ANFS 的最小标准差说明了 ASSR 比其他五种模型更稳定。

表 2.4　所有模型在六个基准数据集上的 TPR、TNR 和 Precision 结果

Index	Dataset	Lasso	EN	PAEN	WF	CGS	ASSR
TPR	Ionosphere	0.895	0.890	0.893	0.887	0.889	0.899
		(0.028)	(0.029)	(0.029)	(0.035)	(0.043)	(0.033)
	Musk(Version 1)	0.763	0.766	0.754	0.734	0.747	0.764
		(0.052)	(0.054)	(0.048)	(0.058)	(0.051)	(0.039)
	PCMAC	0.580	0.650	0.624	0.656	0.688	0.695
		(0.318)	(0.246)	(0.281)	(0.163)	(0.154)	(0.142)
	Lung	1.000	1.000	1.000	1.000	1.000	1.000
		(0.000)	(0.000)	(0.000)	(0.000)	(0.000)	(0.000)
	Colon	0.869	0.904	0.861	0.689	0.860	0.845
		(0.094)	(0.084)	(0.126)	(0.110)	(0.103)	(0.099)
	Prostate-GE	0.899	0.901	0.908	0.915	0.906	0.926
		(0.057)	(0.076)	(0.101)	(0.064)	(0.060)	(0.050)
	Aver.	0.834	0.852	0.840	0.814	0.848	0.855
		(0.092)	(0.082)	(0.098)	(0.072)	(0.069)	(0.061)
TNR	Ionosphere	0.767	0.779	0.779	0.792	0.796	0.788
		(0.047)	(0.056)	(0.057)	(0.060)	(0.035)	(0.056)
	Musk(Version 1)	0.734	0.737	0.747	0.761	0.755	0.762
		(0.043)	(0.040)	(0.036)	(0.041)	(0.036)	(0.050)
	PCMAC	0.935	0.918	0.933	0.888	0.906	0.895
		(0.085)	(0.088)	(0.068)	(0.040)	(0.115)	(0.107)
	Lung	0.854	0.855	0.861	0.880	0.885	0.891
		(0.063)	(0.063)	(0.048)	(0.048)	(0.045)	(0.045)
	Colon	0.756	0.741	0.737	0.838	0.764	0.848
		(0.105)	(0.102)	(0.090)	(0.112)	(0.133)	(0.068)
	Prostate-GE	0.961	0.958	0.945	0.958	0.949	0.971
		(0.040)	(0.032)	(0.050)	(0.046)	(0.059)	(0.035)
	Aver.	0.835	0.831	0.834	0.853	0.843	0.859
		(0.064)	(0.064)	(0.058)	(0.058)	(0.071)	(0.060)

续表

Index	Dataset	Lasso	EN	PAEN	WF	CGS	ASSR
Precision	Ionosphere	0.876	0.883	0.882	0.888	0.884	0.888
		(0.032)	(0.029)	(0.039)	(0.032)	(0.019)	(0.029)
	Musk(Version 1)	0.684	0.687	0.698	0.700	0.697	0.713
		(0.058)	(0.049)	(0.043)	(0.052)	(0.051)	(0.053)
	PCMAC	0.732	0.813	0.775	0.813	0.905	0.894
		(0.372)	(0.282)	(0.331)	(0.189)	(0.097)	(0.095)
	Lung	0.463	0.464	0.467	0.504	0.516	0.535
		(0.154)	(0.150)	(0.154)	(0.152)	(0.144)	(0.182)
	Colon	0.648	0.643	0.643	0.718	0.703	0.739
		(0.116)	(0.110)	(0.124)	(0.133)	(0.126)	(0.125)
	Prostate-GE	0.960	0.957	0.942	0.959	0.954	0.969
		(0.041)	(0.036)	(0.054)	(0.047)	(0.046)	(0.037)
	Aver.	0.727	0.741	0.735	0.764	0.777	0.790
		(0.129)	(0.109)	(0.124)	(0.101)	(0.081)	(0.087)

表 2.5　所有模型在六个基准数据集上的 F-Measure 结果

Index	Dataset	Lasso	EN	PAEN	WF	CGS	ASSR
F-Measure	Ionosphere	0.885	0.886	0.887	0.887	0.886	0.893
		(0.023)	(0.025)	(0.026)	(0.027)	(0.026)	(0.023)
	Musk(Version 1)	0.721	0.723	0.724	0.715	0.720	0.737
		(0.050)	(0.045)	(0.039)	(0.048)	(0.046)	(0.040)
	PCMAC	0.635	0.712	0.685	0.723	0.763	0.764
		(0.329)	(0.247)	(0.293)	(0.170)	(0.079)	(0.065)
	Lung	0.616	0.617	0.621	0.655	0.670	0.678
		(0.163)	(0.159)	(0.155)	(0.146)	(0.123)	(0.160)
	Colon	0.736	0.746	0.732	0.696	0.765	0.779
		(0.095)	(0.091)	(0.111)	(0.089)	(0.084)	(0.080)
	Prostate-GE	0.927	0.925	0.919	0.934	0.928	0.946
		(0.035)	(0.034)	(0.056)	(0.040)	(0.037)	(0.024)
	Aver.	0.753	0.768	0.761	0.768	0.789	0.800
		(0.116)	(0.100)	(0.113)	(0.087)	(0.066)	(0.065)

我们也对这六种模型在每个单独的类的分类性能进行了比较。这里对比了以下的四个评估指标：TPR，TNR，Precision和F-Measure。表2.4和2.5列出了六种模型的四个统计学指标的对比结果。如表2.4所示，除了在Musk（Version 1），Colon和Lung三个数据集上，ASSR的TPR在所有模型中是最高的。在Lung数据集上，六种模型在TPR指标上均取得了满意的效果。在所有六个数据集中，ASSR取得了六个模型中最高的平均TPR和最小的平均标准差。除了在Ionosphere和PCMAC数据集上，ASSR获得的TNR的值高于其他五种模型，然而在所有的六种数据集上，ASSR在六个模型的中获得最高的平均TNR值和最低平均标准偏差值。在Ionosphere数据集上，ASSR获得的Precision值和WF相同，都高于其他的几个模型。然而在所有的六种数据集上，ASSR在六个模型的中获得最高的平均Precision和最低平均标准偏差。对于精确率（Precision）和召回率（Recall）这两个评估指标，理想情况下做到两个指标都高当然最好，但一般情况下，Precision高，Recall就低，Recall高，Precision就低。所以在实际中常常需要根据具体情况做出取舍，例如一般的搜索情况，在保证召回率的条件下，尽量提升精确率。F-Measure是Precision和Recall的组合，它为每个类的分类性能提供了一个综合的评价标准，其可以较为全面地评价一个分类器。由于Recall的值与TPR的值相等，所以这里只展示TPR的值。表2.5给出了六个模型在所有数据上获得的F-Measure值。与其他五个模型相比，ASSR实现了最高的F-Measure和最小的标准差。因此，在所有比较的模型中，所提出的ASSR模型在每个类别上都获得了最好的分类性能。

2.6 本章小结

本章提出了一个可用于高维数据特征选择的自适应结构稀疏回归模型。提出的ASSR模型能够识别特征间的局部结构信息，同时自适应地选择信息特征。基于信息论中的多信息、互信息和联合互信息等信息度量，提出了两个权重构造策略，分别来构造成对特征的相关权重和每个特征的权重。由于这些权重只依赖变量的概率分布而不是数据的真实值，所以ASSR模型可以自适应地选择重要特征，这可以改善甚至避免现有特征选择模型中的有偏估计。另外，基于构造的权重策略，所提出的 ASSR 模型比现有模型更具鲁棒性。从理论上分析 ASSR 的性质，可以看出 ASSR 更适合于从高维数据中选择特征。通过在基准数据集上与经典的几个模型进行了比较，结果表明所提出的 ASSR 模型优于现有的稀疏学习模型。

第 3 章　基于多项式自适应稀疏组 Lasso 的高维数据特征选择

针对高维数据的多分类中的选择问题,本章节提出了一个多项式自适应稀疏组 Lasso 模型来选择成组的重要特征,并分析了模型的统计学性能。为了将与类标签相关的相似特征进行分组,提出了一种新的基于信息论度量的监督特征聚类算法。为了评估特征和组的重要性,提出了一种同时构造特征权重和组权重的方法。最终提出了一种求解 MASGL 模型的复杂计算过程的算法。在五个常用的公共基准数据集上的实验结果表明,MASGL 模型能够有效地选择重要特征而且比现有的四个经典的特征选择模型具有更好的综合分类性能。

3.1 引言

特征选择是机器学习、数据挖掘和生物信息学中最热门的话题之一[16,179,180]。在数据挖掘和生物信息学中,特征选择被分别称为变量选择和基因选择,其目的是为了研究降低数据维数以提高学习机性能的算法。特征选择的目标是通过评价准则确定原始特征的最优子集[6]。特征选择方法通常从效率和有效性两个角度进行评估。效率与选择最佳特征子集所需的时间有关,而有效性则与最优特征子集的质量有关。分类中的特征选择面临着很大的挑战,这是因为存在一些噪声特征,这些噪声特征往往会降低分类器的性能,并且会误导分类任务。换言之,大多数特征与分类无关,这会导致噪声和分类精度的降低。为了获得更高的精度,这些噪声特征应该被去除。特征选择过程通过去除可能影响分类器性能和效率的冗余和不相关特征,减少了特征数目,避免了信息丢失。提高了分类器的学习精度、结果可解释性和泛化能力。它也通过丢弃噪声特征来降低复杂性。因此,具有较高预测精度的特征选择方法是有效分类的理想方法。

目前的特征选择方法大多用于二分类问题。实际上,许多分类问题包括多种样本类别,需要将每个观察值分配到一个 K 类中。在这样的多类设置中,目标是找到一个小的公共特征集,该特征集对于所有的 K 类都能获得较好的结果。有必要选择一个小的公共特征集,这也是由外部约束驱动的。例如,对于文本分类来说,当文档中的平均特征数很大时,为每个类处理一组不同的特征集会非常耗时。另一种情况是设计用于诊断的医疗工具,其中每个特征都与测量值相对应,因此获得这些特征的成本很高。

尽管某些特征被广泛地应用于多分类问题中,但它们不能很好地揭示特征组信息。理想的特征选择方法应该能够去除琐碎的特征,并在组中选择密切相关的特征,这又取决于如何将特征分组。一些通用的聚类算法可以将相关或相互依赖的特征组合成一个子集。所有这些算法都基于从特征计算出的无监督相似性度量对特征进行分组,他们未考虑到与样本类别相关的任何信息。如果仅通过评估特征相关性来将特征分组,这将导致在拟合模型中包含冗余噪声(相关和不相关的特征)。因此,融入样本信息来度量特征间的相似性是一个具有挑战性的问题。为此,本章提出了一种新的有监督特征聚类算法,将样本信息直接引入特征分组过程中,以获得有效的分组特征。

特征选择的另一个挑战是自适应地识别重要特征组和所选择特征组内的重要特征。一些自适应收缩方法可以实现自适应地选择成组的特征。他们通常通过应用一个初始估计子来惩罚组和特征的系数来实现的。由于精度要求较低,初始估计子的一些重要系数可能被错误地分配给较小的值。此外,特征组的重要性取决于其特征及其之间的相互作用。解决这个问题的另一种方法是利用信息论方法[174,181-184],提出了一些特征选择的方法来选择最优特征。更具体地说,特征之间关于相关变量的条件互信息,其指示类标签已被成功地用于监督特征选择[185]。结果表明,在特征和类标签之间使用条件依赖的条件互信息能够成功地选择重要的特征。Yu 和 Liu 提出了一个基于近似马尔可夫毯的 FCBF[5] 算法,高效地实现了更好的特征选择性能。然而,由于近似马尔可夫毯不是严格的马尔可夫毯[186],FCBF 有时不能获得较好的结果。注意到在 FCBF 中构建分类器之前必须选择重要的特征,但本书提出的模型可以同时实现特征的选择和分类。

本章主要研究多分类中的特征选择问题。本章节的核心技术贡献如下:

- 提出了一种新的用于多分类的特征选择问题的多项式自适应稀疏组 Lasso (MASGL)模型。
- 提出了一种新的监督特征聚类(Supervised Feature Clustering,SFC)算法,将与类标签的相关的相似特征进行分组。
- 提出了一种特征和组权计算的(Feature and Group Weight Computation,FGWC)方法来构造特征和组权。
- 基于 SFC 和 FGWC,提出了 MASGL 模型相应的求解算法。

3.2 相关工作

特征选择是统计建模中一个非常重要的问题。一般而言,特征是由现有的大多数统计模型独立选择的。在这些模型中,最小投影误差,最小冗余[159],支持向量机(SVM)[4]以及其拓展模型[187,188]在特征选择问题中很受欢迎。此外,还提出了一些稀疏学习模型,通过使用各种惩罚策略来更有效地选择特征。Lasso[27]及其拓展模型[34,64,81,189]通过使用 L_1 范数惩罚进而选择独立稀疏特征。然而这些方法只能够进行独立的特征选择,它们忽略了描述特征之间内在联系的分组结构。这可能导致产生较低效率模型。

为了克服上述缺点,多种有利于分组结构的特征选择模型相继被提出。组 Lasso[105]已经被提出用于识别组中高度相关的特征,即一组特征将从模型中完全被选择或完全被剔除。逻辑组 Lasso[126]后来被提出,其为一种改进的组 Lasso。虽然这些模型可以产生具有组稀疏性的解,但它们不能产生组内稀疏性的解。为了解决这个问题,Simon 等人[18]提出了一种稀疏组 Lasso 算法,该算法能同时获得组间和组内的稀疏性。其改进的模型相继被提出,例如自适应稀疏组 Lasso[132]和多项式稀疏组 Lasso[12]。此外,Zhao 等人[130]结合稀疏组 Lasso 与多模深层神经网络相结合用于异构特征选择。

组 Lasso,稀疏组 Lasso 以及其拓展模型[125,126,130,132,190]已被成功地应用到特征选择和分类问题中。然而,它们的有效性在很大程度上依赖于特征组的划分。为此,许多传统的聚类算法,如贝叶斯聚类[191]、分层聚类[192]和 k 均值算法[193]可根据从特征信息计算出的无监督相似性度量将特征分成不同的组,他们未考虑到样本或者响应变量的信息。然而,理想的聚类算法应该将样本或响应变量的信息融入特征分组过程中，这被称为有监督的特征聚类算法。

稀疏组 Lasso 不仅能够识别重要的特征组而且能够识别所选组内的重要特征。但是，它为所有特征稀疏分配相同的惩罚，而忽略了每个组中特征的相对重要性。此外，组显著性简单地由每组中的特征数来评估，这可能会导致一些含有显著作用的特征的较大的特征组被剔除。现有的一些自适应收缩模型[12,36,132]通过引入与数据相关的权值来自适应地识别特征。例如，自适应 Lasso[36]通过初始估计来惩罚特征系数。自适应稀疏组 Lasso[132]的权重是通过桥估计来构造的。上述权重具有统计学意义，可以用来评价特征的重要性。然而，当 $p>n$ 时，这些方法中的所有权重都是基于 Lasso 估计子构造的，这一事实可能并不合适。原因有如下两点：首先，Lasso 估计子本身是不一致的，即在选择特征时，初始权值是有偏的。其次，初始估计子的一些重要系数可能被错误地分配给较小的值以满足较低的精度要求。这意味着对与重要特征相对应的系数施加更大的权重，这些特征很容易通过收缩从模型中移除。此外，多项式稀疏组 Lasso[12]中构造的组和特征权重未给出其具体解释，因此不具有可解释性。

为了克服现有稀疏学习模型的不足，我们提出了一个新的基于信息论度量的监督聚类算法，使得特征被分为不同的组。为了对独立特征重要性和组重要性进行综合评估，我们提出了一种特征和组权重计算方法。在上述特征分组和权值构造方法的基础上，我们进而提出了一种多项式自适应稀疏组 Lasso 模型，分析了其统计学性质，并给出了相应的求解算法。

3.3 问题描述

在本章节中我们致力于研究 K 类分类问题，数据包含 N 个样本和 p 个特征。给定一组训练数据集 $\{(x_i, y_i) \mid i=1,\cdots,N\}$，$K$ 类分类问题目的是为了学习一个分类规则 $f: R^p \to \{1,\cdots,K\}$ 可以被用来预测任意新样本的标签，其中 $x_i=(x_{i1},\cdots,x_{ip})^{\mathrm{T}}$ 表示第 i 个样本的 p 维特征向量。$y_i \in \{1,\cdots,K\}$ 是其对应的类标签。定义 $f=(f_1,\cdots,f_K)$ 为一个决策函数向量，其中 $f_k(k=1,\cdots,K)$ 表示输入向量 x 属于类 k 的实例的强度。主要目标是构建以下分类器：

$$\varphi(x)=\underset{k=1,\cdots,K}{\operatorname{argmax}} f_k(x), \tag{3.1}$$

这个分类器的目的是预测新样本的类标签并识别最有利于分类的相关特征。$X=(x_1;\cdots;x_N)=(x_{(1)},\cdots,x_{(p)})$ 表示 $N\times p$ 维模型矩阵，$y=(y_1,\cdots,y_N)^{\mathrm{T}}$ 为类标签向量。$x_{(j)}=(x_{1j},\cdots,x_{Nj})^{\mathrm{T}}$ 是模型矩阵 X 的第 j 列，也是第 j 个预测子。θ 表示 $K\times p$ 维系数矩阵，所以其第 (k,j) 个输入是 θ_{kj}。为了简便，我们令 $\theta_k=(\theta_{k1},\cdots,\theta_{kp})^{\mathrm{T}}$ 与 $\theta_j=(\theta_{1j},\cdots,\theta_{kj})^{\mathrm{T}}$ 分别表示系数矩阵 θ 的第 k 行向量和第 k 列向量。线性决策函数 $f_k(x)=x^{\mathrm{T}}\hat{\theta}_k$ 经常被用来构造分类器，其中 $\hat{\theta}_k$ 为第 k 个决策函数的系数估计向量。第 j 个特征的重要性可以被向量 $\rho=(\rho_j,\cdots,\rho_p)^{\mathrm{T}}$ 评估，其中 $\rho_j=\sum_{k=1}^{K}\hat{\theta}_{kj}$。如果 ρ_j 是非零的，那么第 j 个特征将被选择，这个特征被认为与当前的任务高度相关。

3.4 多项式自适应稀疏组 Lasso 模型

应用逻辑回归模型表示类条件概率。样本 i 来自于类 l 的概率与文献中一致[190]被定义为：

$$\pi_{il}\triangleq P(y_i=lx_i)=\frac{e^{x_i^{\mathrm{T}}\theta_l}}{\sum_{k=1}^{K}e^{x_i^{\mathrm{T}}\theta_k}},l=1,\cdots,K. \tag{3.2}$$

其中 θ_l 是一个 p 维的系数向量。我们令 $y_i=K$ 为参照类，然后可得到 $K-1$ 个逻辑回归模型：

$$\log\frac{P(y_i=lx_i)}{P(y_i=Kx_i)}=x_i^{\mathrm{T}}\theta_l,l=1\cdots,K-1. \tag{3.3}$$

这里 $x_i^{\mathrm{T}}\theta_K=0$ 是因为第 K 类为一个参照组。

G 表示维数为 $N\times K$ 的指示响应矩阵，其元素 $g_{il}=I(y_i=l)$ 表示当 $y_i=l$ 时 $g_{il}=1$，否则 $g_{il}=0$。通过使用最大似然估计法来拟合模型(3.3)，可获得多项式对数似然函数：

$$\begin{aligned}L(\theta)&=\sum_{i=1}^{N}\sum_{l=1}^{K}g_{il}\log\pi_{il}\\&=\sum_{i=1}^{N}\Big[\sum_{l=1}^{K}g_{il}x_i^{\mathrm{T}}\theta_l-\log(\sum_{k=1}^{K}e^{x_i^{\mathrm{T}}\theta_k})\Big],\end{aligned} \tag{3.4}$$

假设对于每类样本，p 维特征向量被分为 G 个非重叠组。我们提出了一个多类自适应稀疏组 Lasso 惩罚，其包含组权重和特征权重：

$$R(\theta)=(1-\alpha)\sum_{l=1}^{K}\sum_{g=1}^{G}\eta_g \|\theta_l^{(g)}\|_2+\alpha\sum_{l=1}^{K}\sum_{j=1}^{p}w_j|\theta_{lj}|, \tag{3.5}$$

其中 $\alpha\in[0,1]$。$\theta_l^{(g)}$ 为 θ_l 的第 g 个组，表示第 l 类的第 g 个组特征的系数向量。$\sum_{l=1}^{K}\sum_{g=1}^{G}\|\theta_l^{(g)}\|_2$ 为多类自适应稀疏组 Lasso 惩罚，其中 $\|\theta_l^{(g)}\|_2=\sqrt{\sum_{j=1}^{p_g}\theta_{lj}^{(g)2}}$ 和 p_g 为第 g 个组特征的个数。$\sum_{l=1}^{K}\sum_{j=1}^{p}w_j|\theta_{lj}|$ 为多类自适应系数组 Lasso 惩罚，其中 $p=p_1+\cdots+p_G$。η_g 和 w_j 为组权重和特征组权重。其构造方式将更进一步的在 3.4.3 节讨论。注意到对第 j 个特征的所有 K 个系数施加相同的权重 w_j。加权的 L_2 范数惩罚的目的是通过评估 K 类分类的组的重要性来选择成组的特征。加权的 L_1 范数惩罚的目的是自适应地将与无关特征相对应的所有 K 系数缩小到零，同时减少对重要特征的系数的收缩偏差。特征权重 w_j 可视为杠杆因素，它可以通过评估 K 类分类的特征排序重要性来自适应地控制系数的收缩。特别地，对不重要特征相对应的所有 K 个系数施加较大的惩罚，对重要特征的所有 K 个系数施加较小的惩罚。

将自适应稀疏组 Lasso 惩罚(3.5)引入逻辑回归函数(3.4)中，我们提出了如下的多项式自适应稀疏组 Lasso(MASGL)模型：

$$\begin{aligned}\hat{\theta}&=\underset{\theta\in R^{K\times p}}{\operatorname{argmin}}\{-L(\theta)+\lambda R(\theta)\}\\&=\underset{\theta\in R^{K\times p}}{\operatorname{argmin}}\{-L(\theta)+\lambda(1-\alpha)\sum_{l=1}^{K}\sum_{g=1}^{G}\eta_g\|\theta_l^{(g)}\|_2+\lambda\alpha\sum_{l=1}^{K}\sum_{j=1}^{p}w_j|\theta_{lj}|\},\end{aligned} \tag{3.6}$$

其中 $\lambda>0$ 为一个正则化参数。当 λ 足够大时，解 $\hat{\theta}$ 为 0。

由于多项式对数似然函数(3.4)的响应向量的性质，则以(3.6)的目前形式，获得其最优解 $\hat{\theta}$ 的过程是比较复杂的。然而，我们可以通过获得每个类的最优解来避免这些复杂性：$\hat{\theta}_l$，$l=1,\cdots,K$ 然后可得到决策函数 $f_l(x)=x^{\mathrm{T}}\hat{\theta}_l$。为了简便我们定义 $\beta\triangleq\theta_l=(\theta_{l1},\cdots,\theta_{lp})^{\mathrm{T}}\in R^p$ 为第 l 个系数向量，其中 $\beta^{(g)}$ 为第 g 个组的系数向量。第 l 类的逻辑似然函数可被表示为：

$$l(\beta)=\sum_{i=1}^{N}[\tau_i x_i^{\mathrm{T}}\beta-\log(1+e^{x_i^{\mathrm{T}}\beta})], \tag{3.7}$$

其中 $\tau=(\tau_1,\cdots,\tau_N)^{\mathrm{T}}$ 为指示响应向量，$\tau_i=I(y_i=1)$ 表示当 $y_i=1$ 时 $\tau_i=1$，否则 $\tau_i=0$。第 l 类的自适应稀疏组 Lasso 惩罚可以被表示为：

$$\Phi(\beta)=(1-\alpha)\sum_{g=1}^{G}\eta_g\|\beta^{(g)}\|_2+\alpha\sum_{g=1}^{G}\|w^{(g)}\beta^{(g)}\|_1, \tag{3.8}$$

其中 $\|\beta^{(g)}\|_2=\sqrt{\sum_{j=1}^{p_g}\beta_j^{(g)2}}$，$\|w^{(g)}\beta^{(g)}\|_1:=\sum_{j=1}^{p_g}w_j^{(g)}|\beta_j^{(g)}|$ 以及 p_g 表示第 g 个组的系数。η 和 w 分别表示组权重向量和第 l 类的特征权重矩阵，其详细构造方式将在 3.4.3 节讨论。定义 $\eta=(\eta_1,\cdots,\eta_G)^{\mathrm{T}}$ 和 $w=\mathrm{diag}(w_1,\cdots,w_p)$。实际上 $w=\mathrm{diag}(w^{(1)},\cdots,w^{(G)})=\mathrm{diag}(w_1^{(1)},\cdots,w_{p_1}^{(1)},\cdots,w_1^{(G)},\cdots,w_{p_G}^{(G)})$。$\beta_j^{(g)}$ 为 β 的第 g 个组的第 j 个特征的系数。$w_j^{(g)}$ 为 $\beta_j^{(g)}$ 的权重系数。结合等式(3.7) 和(3.8)，对第 l 类样本，MASGL 可被表示为：

$$\hat{\beta}=\underset{\beta\in R^p}{\mathrm{argmin}}\{-l(\beta)+\lambda(1-\alpha)\sum_{g=1}^{G}\eta_g\|\beta^{(g)}\|_2+\lambda\alpha\sum_{g=1}^{G}\|w^{(g)}\beta^{(g)}\|_1\}. \tag{3.9}$$

因此，为了求出 MASGL(3.6)的最优解 $\hat{\theta}$，我们只需要得到(3.9)中的最优 $\hat{\beta}$，这就简化了问题。

3.4.1 自适应稀疏组 Lasso 惩罚的性质

在这一节中，我们得到了关于自适应稀疏组 Lasso 惩罚(3.8)的一些基本性质。

定义 3.1 对于 $\forall a\in A$，如果 $\Phi(a+b)=\Phi(a)+\Phi(b)$，则范数 $\Phi(\cdot)$ 是关于子空间对 $A\subseteq B\subseteq R^p$ 可分解的，其中 $B^{\perp}$ 是 B 的正交空间。

定理 3.1 对于 $\forall S\subseteq\{1,\cdots,G\}$。表示子空间为 $A(S)=\{\beta\in R^p\,|\,\beta^{(g)}=0,\forall g\notin S\}$，$B^{\perp}(S)=A^{\perp}(S)=\{\beta\in R^p\,|\,\beta^{(g)}=0,\forall g\in S\}$。然后我们得到了等式(3.8)中的范数可以分解为 $A(S)$ 和 $B(S)$。

证明 3.1 对于 $\forall a\in A(S)$，$b\in B^{\perp}(S)$，我们得到：

$$\begin{aligned}\Phi(a+b)&=\sum_{g=1}^{G}((1-\alpha)\eta_g\|(a+b)^{(g)}\|_2+\alpha\|w^{(g)}(a+b)^{(g)}\|_1)\\&=\sum_{g\in S}((1-\alpha)\eta_g\|a^{(g)}+0^{(g)}\|_2+\alpha\|w^{(g)}a^{(g)}+w^{(g)}0^{(g)}\|_1)\\&\quad+\sum_{g\notin S}((1-\alpha)\eta_g\|0^{(g)}+b^{(g)}\|_2+\alpha\|w^{(g)}0^{(g)}+w^{(g)}b^{(g)}\|_1)\end{aligned}$$

$$=\sum_{g\in S}((1-\alpha)\eta_g\|a^{(g)}\|_2+\alpha\|w^{(g)}a^{(g)}\|_1)$$
$$+\sum_{g\notin S}((1-\alpha)\eta_g\|b^{(g)}\|_2+\alpha\|w^{(g)}b^{(g)}\|_1)$$
$$=\Phi(a)+\Phi(b).$$

这证明了等式(3.8)中的 $\Phi(\cdot)$在子空间上 $A(S)$和 $B(S)$的可分解性。

定义 3.2 给定一个子空间 B,关于范数 $\|\beta\|_2$ 的子空间相容常数可表示为 $\Psi(B)=\sup\left\{\frac{\Phi(\beta)}{\|\beta\|_2},\forall\beta\in B\backslash\{0\}\right\}$。

定理 3.2 考虑一个向量 β 可被分解为 G 个非重叠组,以及 $W=\max\{\|\eta\|_2,\|w\|_F\}$,其中 η 为组权重向量,w 为特征权重矩阵。然后可得:

$\Phi(\beta)\leqslant W\|\beta\|_2$.

证明 3.2

$$\begin{aligned}\Phi(\beta)&=(1-\alpha)\sum_{g=1}^{G}\eta_g\|\beta^{(g)}\|_2+\alpha\sum_{g=1}^{G}\|w^{(g)}\beta^{(g)}\|_1\\&=(1-\alpha)\sum_{g=1}^{G}\eta_g\|\beta^{(g)}\|_2+\alpha\sum_{j=1}^{p}w_j|\beta_j|\\&\leqslant(1-\alpha)\sqrt{\eta_1^2+\cdots+\eta_G^2}\sqrt{\|\beta^{(g)}\|_2^2+\cdots+\|\beta^{(G)}\|_2^2}\\&\quad+\alpha\sqrt{w_1^2+\cdots+w_p^2}\sqrt{\beta_1^2+\cdots+\beta_p^2}\\&=((1-\alpha)\|\eta\|_2+\alpha\|w\|_F)\|\beta\|_2,\end{aligned}$$

由于 $W=\max\{\|\eta\|_2,\|w\|_F\}$,以上的不等式可被重新表示为:

$$\Phi(\beta)\leqslant(\max\{\|\eta\|_2,\|w\|_F\})((1-\alpha)+\alpha)\|\beta\|_2=W\|\beta\|_2,$$

其中 $\|\cdot\|_F$ 为傅里叶范数。我们可得到 $\Psi(B)=W$ 给出了相对于子空间 B 关于 L_2 范数的子空间相容常数的一个上界。这可以确保惩罚 $\Phi(\beta)$是凸的。

定义 3.3 对于 $p\in R$,我们定义映射 $s:R^p\times R^p\rightarrow R^p$ 为 $s(z,\zeta)_j=\mathrm{sign}(z_j)(\max\{0,|z_j|-\zeta_j\})$,其中 $j=1,\cdots,p$,函数 $S:R^p\times R^p\rightarrow R$ 为 $S(z,\zeta)=(s(z,\zeta)_1,\cdots,s(z,\zeta)_p)^{\mathrm{T}}$。

定理 3.3 假设我们给定 G 个不同的组。令 $\hat{\beta}$ 表示等式(3.9)的最优解,$\hat{\beta}^{(k)}$ 表示第 k 个组的最优解。我们可得当且仅当 $\|S(\nabla l^{(k)}(0),\lambda\alpha w^{(k)}e_k)\|_2\leqslant\lambda(1-\alpha)\eta_k$ 满足时 $\hat{\beta}^{(k)}=0$。

证明 3.3 对于第 k 个组,(3.9)中的 $\hat{\beta}$ 在 $\hat{\beta}^{(k)}$ 处是可微的:

$$\frac{\partial \hat{\beta}}{\partial \hat{\beta}^{(k)}}=-\frac{\partial l(\hat{\beta})}{\partial \hat{\beta}^{(k)}}+\lambda(1-\alpha)\eta_k u+\lambda\alpha w^{(k)} v=0, \tag{3.10}$$

其中 u 和 v 分别为 $\|\hat{\beta}^{(k)}\|_2$ 和 $\|\hat{\beta}^{(k)}\|_1$ 的子梯度。如果 $\hat{\beta}^{(k)}\neq 0$ 则 $u=\hat{\beta}^{(k)}/\|\hat{\beta}^{(k)}\|_2$，$\hat{\beta}^{(k)}$ 是一个满足 $\|u\|_2\leqslant 1$ 的向量。如果 $\hat{\beta}_j^{(k)}\neq 0$，$v=(v_1,\cdots,v_G)^{\mathrm{T}}$，$v_j=\mathrm{sign}(\hat{\beta}_j^{(k)})$ 以及如果 $\hat{\beta}_j^{(k)}=0$，$|v_j|\leqslant 1$。

当 $\hat{\beta}^{(k)}=0$ 时，需要满足以下的子梯度：$\nabla l^{(k)}(0)=\lambda(1-\alpha)\eta_k u+\lambda\alpha w^{(k)} v$，可得

$$u=\frac{\nabla l^{(k)}(0)-\lambda\alpha w^{(k)} v}{\lambda(1-\alpha)\eta_k}, \tag{3.11}$$

当且仅当 $\hat{\beta}^{(k)}=0$ 满足时可得 $\|u\|_2\leqslant 1$ 和 $|v_j|\leqslant 1$。对等式(3.11)两边取二范数，我们得到 $\|u\|_2=\left\|\frac{\nabla l^{(k)}(0)-\lambda\alpha w^{(k)} v}{\lambda(1-\alpha)\eta_k}\right\|_2\leqslant 1$，等价于 $\|\nabla l^{(k)}(0)-\lambda\alpha w^{(k)} v\|_2\leqslant\lambda(1-\alpha)\eta_k$。因此，如果 $\nabla l^{(k)}(0)_j\geqslant\lambda\alpha w_j^{(k)}$，那么

$$\|\nabla l^{(k)}(0)-\lambda\alpha w^{(k)} e_k\|_2\leqslant\lambda(1-\alpha)\eta_k, \tag{3.12}$$

其中 e_k 是一个所有元素值为 1 的 p_k 维向量。类似地，如果 $\nabla l^{(k)}(0)_j<\lambda\alpha w_j^{(k)}$，那么

$$\|\nabla l^{(k)}(0)+\lambda\alpha w^{(k)} e_k\|_2\leqslant\lambda(1-\alpha)\eta_k, \tag{3.13}$$

当 $\hat{\beta}^{(k)}=0$ 时，等式(3.12)和(3.13)可以总结为统一的形式：$\|S(\nabla l^{(k)}(0),\lambda\alpha w^{(k)} e_k)\|_2\leqslant\lambda(1-\alpha)\eta_k$。

接下来，我们证明了充分性，(3.10)可被表示为

$$\nabla l^{(k)}(\hat{\beta}^{(k)})-\lambda\alpha w^{(k)} v=\lambda(1-\alpha)\eta_k u, \tag{3.14}$$

无论 $\hat{\beta}^{(k)}$ 为 0 或者非零，等式(3.14)左边等于 $S(\nabla l^{(k)}(\hat{\beta}^{(k)}),\lambda\alpha w^{(k)} e_k)$。因此等式(3.14)可被转化为

$$S(\nabla l^{(k)}(\hat{\beta}^{(k)}),\lambda\alpha w^{(k)} e_k)=\lambda(1-\alpha)\eta_k u, \tag{3.15}$$

对等式(3.15)两边取 2 范数，我们得到

$$\|S(\nabla l^{(k)}(\hat{\beta}^{(k)}),\lambda\alpha w^{(k)} e_k)\|_2=\lambda(1-\alpha)\eta_k\|u\|_2. \tag{3.16}$$

由于 $\|S(\nabla l^{(k)}(\hat{\beta}^{(k)}),\lambda\alpha w^{(k)} e_k)\|_2\leqslant\lambda(1-\alpha)\eta_k$，由(3.16)可得 $\|u\|_2=\frac{\|S(\nabla l^{(k)}(\hat{\beta}^{(k)}),\lambda\alpha w^{(k)} e_k)\|_2}{\lambda(1-\alpha)\eta_k}\leqslant 1$。因此 $\hat{\beta}^{(k)}=0$。则如果 $\|S(\nabla l^{(k)}(0),$

$\lambda\alpha w^{(k)} e_k)\|_2 \leqslant \lambda(1-\alpha)\eta_k$，那么 $\hat{\beta}^{(k)}=0$。

3.4.2 特征分组

在本小节提出了一种有监督的特征聚类算法，将类标签相关的相似特征分为若干组（簇）。首先介绍几个基本概念，即马尔可夫毯[186]和基于马尔可夫毯的近似马尔可夫毯[5]。

定义 3.4（马尔可夫毯）[5,186] 给定一个特征 $x_{(i)} \in X$，当且仅当如下条件满足时

$$p(X-S-\{x_{(i)}\}, y \mid \{x_{(i)}\}, S)=p(X-S-\{x_{(i)}\}, y \mid S),$$

子集 $S \subset X(x_{(i)} \notin S)$ 是 $x_{(i)}$ 的马尔可夫毯。

定义 3.5（近似马尔可夫毯）[5] 对于特征 $x_{(i)}$ 和 $x_{(j)}(i \neq j)$，当且仅当 $SU(x_{(j)}, y) \geqslant SU(x_{(i)}, y)$ 和 $SU(x_{(i)}, x_{(j)}) \geqslant SU(x_{(i)}, y)$ 满足时，$x_{(j)}$ 可形成一个关于 $x_{(i)}$ 的近似马尔可夫毯。

对称不确定性（SU）[5] 可测量特征之间的相关性（包含类标签），其被定义为 $SU(X,Y)=\dfrac{2I(X;Y)}{H(X)+H(Y)}$，其是通过将互信息标准化为特征或特征和类标签的熵而推导出来的，它的值被限制在[0,1]范围。$SU(x_{(i)};x_{(j)})$ 表示特征 $x_{(i)}$ 和 $x_{(j)}$ 之间的相关性。$SU(x_{(i)};y)$ 代表特征 $x_{(i)}$ 和类标签 y 之间的相关性。

定义 3.6（*C*-相关性） 对于给定的数据集 X，对于任何特征 $x_{(i)} \in X$ 和类标签之间的相关性被称为 C-相关，可被表示为 $Crel(x_{(i)}, y)=SU(x_{(i)};y)$。

在这里从信息论的角度来理解，特征 $x_{(i)}$ 与类标签 y 之间的相关性为特征和目标变量（类标签）之间的标准化互信息。$Crel(x_{(i)}, y)$ 的值越高，特征 $x_{(i)}$ 越重要。注意到 $SU(x_{(i)};y)=SU(y;x_{(i)})$，所以 C-相关 $Crel(x_{(i)}, y)$ 是对称的。

定义 3.7（总体相关性） 对于给定的数据集 X，任意成对特征 $x_{(i)}$ 和 $x_{(j)}$ $(x_{(i)}, x_{(j)} \in X, i \neq j)$ 之间的相关性被称为 $x_{(i)}$ 和 $x_{(j)}$ 之间的总体相关性，可被定义为：$Ocor(x_{(i)}, x_{(j)})=SU(x_{(i)};x_{(j)})$。

对于这个定义，如果特征 $x_{(i)}$ 和 $x_{(j)}$ 之间密切相关，$Ocor(x_{(i)}, x_{(j)})$ 的值将非常大。$Ocor(x_{(i)}, x_{(j)})=0$ 则意味着这两个特征是完全不相关的。类似于定

义 3.6，$Ocor(x_{(i)},x_{(j)})$也是对称的，这是因为 $SU(x_{(i)};x_{(j)})=SU(x_{(j)};x_{(i)})$。

定义 3.8(条件相关) 对于给定的数据集 X，任意成对特征 $x_{(i)}$ 和 $x_{(j)}$ $(x_{(i)},x_{(j)}\in X,i\neq j)$在给定类标签 y 的条件下的相关性被称为特征 $x_{(i)}$ 和 $x_{(j)}$ 的条件相关，其被定义为 $C_{cor}(x_{(i)},x_{(j)})=SU(x_{(i)};x_{(j)}|y)=\dfrac{2I(x_{(i)};x_{(j)}|y)}{H(x_{(i)},y)+H(x_{(j)},y)}$。

其中 $SU(x_{(i)};x_{(j)}|y)$是条件互信息 $I(x_{(i)};x_{(j)}|y)$的标准化形式而且是对称的，即 $SU(x_{(i)};x_{(j)}|y)=SU(x_{(j)};x_{(i)}|y)$。因此条件相关 $C_{cor}(x_{(i)},x_{(j)})$也是对称的。条件相关 $C_{cor}(x_{(i)},x_{(j)})$在类标签 y 已知的条件下包含特征 $x_{(i)}$ 和 $x_{(j)}$ 之间的相关信息，该标签提供了类内相关性，然而 $O_{cor}(x_{(i)},x_{(j)})$不能提供这部分信息。

定理 3.4 基于上述 $Ocor(x_{(i)},x_{(j)})$和 $C_{cor}(x_{(i)},x_{(j)})$的定义。当且仅当 $O_{cor}(x_{(i)},x_{(j)})>C_{cor}(x_{(i)},x_{(j)})$满足时，特征 $x_{(i)}$ 和 $x_{(j)}$ 是关于类标签 y 相似的。

证明 3.4 总体相关性 $O_{cor}(x_{(i)},x_{(j)})$和条件相关性 $C_{cor}(x_{(i)},x_{(j)})$代表特征 $x_{(i)},x_{(j)}$ 和类标签 y 三者之间的相关性。为了进一步理解这一点，我们注意到以下性质：

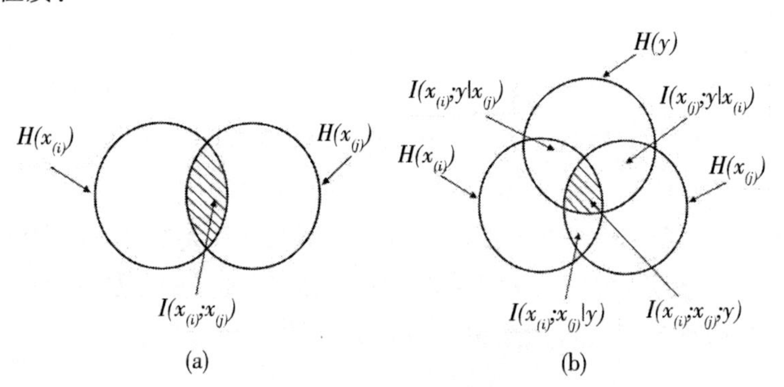

(a)特征 $x_{(i)}$ 和特征 $x_{(j)}$ 之间的关系；(b)特征 $x_{(i)}$ 和 $x_{(j)}$ 以及类标签 y 之间的关系

图 3.1 说明特征和类之间关系的维恩图

$$\begin{aligned}I(x_{(i)},x_{(j)};y)&=I(x_{(i)};y)+I(x_{(j)};y|x_{(i)})\\&=I(x_{(i)};y)+I(x_{(j)};y)-I(x_{(i)};x_{(j)})+I(x_{(i)};x_{(j)}|y),\end{aligned}$$

可以被转换为 $I(x_{(i)};x_{(j)})-I(x_{(i)};x_{(j)}|y)=I(x_{(i)};y)+I(x_{(j)};y)-$

$I(x_{(i)},x_{(j)};y)=I(x_{(i)};x_{(j)};y)$，其中 $I(x_{(i)};x_{(j)};y)$ 为多信息（取值可为正，负，或者为0）[174]，表示与所有涉及的变量对应的交互信息量，展示在图3.1(b)的阴影部分。很容易得到如下结论：如果 $I(x_{(i)};x_{(j)})>I(x_{(i)};x_{(j)}|y)$，然后联合互信息 $I(x_{(i)},x_{(j)};y)$ 小于独立相关性的总和 $I(x_{(i)};y)+I(x_{(j)};y)$。这可以通过特征 $x_{(i)}$ 具有与特征 $x_{(j)}$ 关于类标签 y 的相似信息来解释，也就是多信息 $I(x_{(i)};x_{(j)};y)>0$。那么可得 $\frac{O_{cor}(x_{(i)},x_{(j)})}{C_{cor}(x_{(i)},x_{(j)})}=\frac{2I(x_{(i)};x_{(j)})}{H(x_{(i)})+H(x_{(j)})}/\frac{2I(x_{(i)};x_{(j)}|y)}{H(x_{(i)},y)+H(x_{(j)},y)}=\frac{I(x_{(i)};x_{(j)})}{I(x_{(i)};x_{(j)}|y)}\times\frac{H(x_{(i)},y)+H(x_{(j)},y)}{H(x_{(i)})+H(x_{(j)})}$。因为 $H(x_{(i)},y)=H(x_{(i)})+H(y|x_{(i)})$ 和 $H(x_{(j)},y)=H(x_{(j)})+H(y|x_{(j)})$，所以 $H(x_{(i)},y)+H(x_{(j)},y)\geqslant H(x_{(i)})+H(x_{(j)})$。因此，如果 $I(x_{(i)};x_{(j)})>I(x_{(i)};x_{(j)}|y)$，那么 $O_{cor}(x_{(i)},x_{(j)})>C_{cor}(x_{(i)},x_{(j)})$。

定义3.9（特征相似性） 对于给定的数据集 X，$S=\{x_{(1)},\cdots,x_{(k)}\}$ 是一个特征组，如果 $\exists x_{(j)}\in S$，$C_{rel}(x_{(j)},y)\geqslant C_{rel}(x_{(i)},y)$，$O_{cor}(x_{(i)},x_{(j)})\geqslant C_{rel}(x_{(i)},y)$ 以及 $O_{cor}(x_{(i)},x_{(j)})>C_{cor}(x_{(i)},x_{(j)})$ 总是与每个 $x_{(i)}\in S(i\neq j)$ 相关，那么 $x_{(i)}$ 是与特征 $x_{(j)}$ 相似的特征。

类似于定义3.5，我们可得当且仅当 $C_{rel}(x_{(j)},y)\geqslant C_{rel}(x_{(i)},y)$ 和 $O_{cor}(x_{(i)},x_{(j)})\geqslant C_{rel}(x_{(i)},y)$ 满足时，特征 $x_{(j)}$ 与 $x_{(i)}$ 可组成一个近似马尔可夫毯，即 $x_{(j)}$ 与 $x_{(i)}$ 为相似特征。然而，根据定理3.4，当 $O_{cor}(x_{(i)},x_{(j)})>C_{cor}(x_{(i)},x_{(j)})$ 时，特征 $x_{(i)}$ 和 $x_{(j)}$ 是相似的。因此，当 $C_{rel}(x_{(j)},y)\geqslant C_{rel}(x_{(i)},y)$，$O_{cor}(x_{(i)},x_{(j)})\geqslant C_{rel}(x_{(i)},y)$ 和 $O_{cor}(x_{(i)},x_{(j)})>C_{cor}(x_{(i)},x_{(j)})$ 三个条件同时满足时，特征 $x_{(i)}$ 和 $x_{(j)}$ 是相似的。也就是说，特征 $x_{(i)}$ 和 $x_{(j)}$ 是关于类标签 y 高度相关的。

定义3.9为我们提供了很好的将特征聚类的思想，在同一组中的特征彼此高度相关，其余不相关的特征被分为不同的组。基于这个原则，我们提出了一种新的监督特征聚类算(SFC)，详细描述如算法1所示。

算法 1:监督特征聚类算法(SFC)

Input:数据集 $X=(x_{(1)},\cdots,x_{(p)})\in R^{N\times p}$,类标签 $y=(y_1,\cdots,y_N)^{\mathrm{T}}\in R^N$。

Output:一个分组后的特征集 G.

1 $G\leftarrow\varnothing,k\leftarrow 0$;

2 fori=1to$p$do

3 $C_{rel}(x_{(i)},y)\leftarrow SU(x_{(i)};y)$;

4 通过将 $C_{rel}(x_{(i)},y)$的值按降序排列,进而将特征 $x_{(i)}(i=1,\cdots,p)$排序;

5 while($X\neq$NULL)do

6 $k\leftarrow k+1$;

7 $\mathrm{x}_{(o)}\leftarrow$getFirstElement($X$);

8 分配 $x_{(o)}$ 到组 SG_k,将其标记为该组的中心并将其从数据集 X 中剔除;

9 $x_{(t)}\leftarrow x_{(o)}$;

10 $x_{(q)}\leftarrow$getNextElement($X,x_{(t)}$);

11 while($x_{(q)}\neq$NULL)do

12 $O_{cor}(x_{(q)},x_{(o)})\leftarrow SU(x_{(q)};x_{(o)})$;

13 $C_{cor}(x_{(q)},x_{(o)})\leftarrow SU(x_{(q)};x_{(o)}\mid y)$;

14 if$Ocor(x_{(q)},x_{(o)})\geqslant Crel(x_{(q)},y)andOcor(x_{(q)},x_{(o)})>Ccor(x_{(q)},x_{(o)})$then

15 插入特征 $x_{(q)}$ 到组 SG_k 中,并将其从数据集 X 中移除;

16 $x_{(t)}\leftarrow x_{(q)}$;

17 $x_{(q)}\leftarrow getNextElement(X,x_{(t)})$;

18 增加 SG_K 到特征组集 G 中;

19 return$G\leftarrow\{SG_1,\cdots,SG_G\}$.

SFC 算法以一种简单的方式运行。首先,特征组 G 的初始化为空集,然后计算每个特征的 C-相关性并按降序排序。排序的目的是确定一个特征是否满足由定义 3.9 预先定义的规则,如果不满足这些规则,则将其标记为新特征组的中心。在这个阶段,每个特征将被分配给现有的组中的一个或新的组,这取决于它是否满足根据定义 3.9 判断相似性特征的规则。算法 1 的大部分计

算工作包括计算 C-相关性、总体相关性和条件相关性，根据数据量具有线性复杂度和时间复杂度，算法复杂度由两部分组成：排序和聚类。由于特征数目为 p，排序过程的时间复杂度（1－4 行）为 $O(p\log p)$，其通常小于 $O(p^2)$，这是因为 $p>1$ 和 $\log p<p$。第二部分（5－18 行）的时间复杂度为 $O(pG)$，其中 G 为集合 G 中组的数目。一般来说 $G<p$，最差情况是每个特征形成一个仅包含自身的组（即 $G=p$），那么 $O(pG)\leqslant O(p^2)$。因此当处理高维数据时，SFC 的时间复杂度小于 $O(p^2)$。这使得所提出的 SFC 在高维数据下表现出良好的运行性能。该聚类算法的另一个优点是能自适应地确定特征组的个数 G。

3.4.3 权重构造

使用第 3.4.2 节中的 SFC 算法将与类标签相关的相似特征划分为不同的组。因此与 C_{rel} 最高值相对应的特征被选为每组分类性能最好的特征。事实上，我们发现同一组中不同的特征之间存在差异，而且许多特征的 C_{rel} 值小于最高值，但也应该被选中。另一方面，一些高度相关的特征可能比单个特征具备更好的预测性能，这些成组的特征也应该被选择。因此从分组后的特征中选择重要的特征组和组内重要特征是一个挑战。为了实现这个目的，我们首先评估特征组和特征的重要性，然后通过自适应稀疏组 Lasso 惩罚的收缩来选择重要特征。接下来我们介绍了两种利用信息论度量构建特征权重和组权重的评估机制。

3.4.3.1 特征加权

首先，我们根据每个分组中的信息提出了一个评估机制，将其用来评估第 g 个组中的特征 $x_{(k)}$ 的重要性。针对所有 k 个分类器，令 s_k^g 表示第 g 个组中特征 $x_{(k)}$ 的重要性：

$$s_k^g=SU(x_{(k)};y)+\frac{1}{p_g-1}\sum_{\substack{j=1\\ j\neq k}}^{p_g}SU(x_{(k)};x_{(j)}\mid y)\,,\tag{3.17}$$

其中 $x_{(k)}$ 和 $x_{(j)}$ 分别表示第 g 组的所有 p_g 个特征中的第 k 个和第 j 个特征，其中 $k=1,\cdots,p_g$。s_k^g 的第一项表示第 g 组的特征 $x_{(k)}$ 和类标签 y 之间共享的信息，还表示在第 g 组中特征 $x_{(k)}$ 提供的有关类标签的独立绝对信息，如定义 3.6。s_k^g 的第二项测量了在类标签 y 已知的条件下，特征 $x_{(k)}$ 和第 g 组中的其余特征共享的平均信息量，它表示特征 $x_{(k)}$ 与第 g 组中所有其他特征之间的类条件相关性。因此第二项包含了特征 $x_{(k)}$ 与第 g 组中所有其他特征之间的互补信息并表示 $x_{(k)}$ 中所含的另一部分信息。为了评估可能具有更高预测精度的成组的高度相关特征，然而第一项不能提供这部分信息。因此，s_k^g 表示由第 g 个特征组中的特征 $x_{(k)}$ 为所有 K 个分类器提供的综合信息。此外，s_k^g 可作为量化指标来衡量特征的重要性，s_k^g 的值越高，特征 $x_{(k)}$ 就越重要。我们也可得到如果第 g 组中的特征 $x_{(k)}$ 无法为类标签提供任何有用的信息，则 $s_k^g=0$。

对于 K 类分类问题，如下的向量 S_g 表示第 g 组特征的重要性。$S_g=(s_1^g,\cdots,s_{p_g}^g)^{\mathrm{T}}$，其中 s_k^g 为在第 g 组的特征 $x_{(k)}$ 的重要性。我们通过 s_k^g 来评估 g 组中的特征 $x_{(k)}$ 对所有 K 个分类器的全部贡献。

根据等式(3.9)，较大的权重意味着对应的特征不太重要。因此，我们通过以下方法构造第 g 组中特征 $x_{(k)}$ 的权重：

$$w_k^{(g)}=\begin{cases}\max\{\kappa,1/s_k^g\}, & \text{if } s_k^g\geqslant\varepsilon,\\ 1/\varepsilon, & \text{否则},\end{cases}\tag{3.18}$$

其中 $0<\kappa<1\ll1/\varepsilon$ 和 $0<\varepsilon\ll1$ 为给定的阈值常数。换句话说，$s_k^g=0$ 的特征被较大的权重惩罚。同样的权重 $w_k^{(g)}$ 被加在 g 组的所有 K 个系数，其对应于等式(3.9)中的相同特征 $x_{(k)}$。因此，对于(3.9)的第 l 个分类器，第 g 组的特征 $x_{(k)}$ 的权重系数也为 $w_k^{(g)}$。第 g 组的所有特征的权重可以形成一个权重矩阵，如下所示：$w^{(g)}=\mathrm{diag}(w_1^{(g)},\cdots,w_{p_g}^{(g)})$，为等式(3.9)中的特征权重矩阵。

3.4.3.2 组加权

在本小节中，我们通过如下的式子来评估第 g 组的平均重要性：

$$\mu^g=\frac{1}{p_g}\sum_{k=1}^{p_g}s_k^g,\tag{3.19}$$

对于所有 K 个分类器，第 g 组中所有特征的重要性的离散程度，可通过标准偏差(SD)测量，可被定义为：

$$\sigma^g=\sqrt{\frac{1}{p_g}\sum_{k=1}^{p_g}(s_k^g-\mu^g)^2}.\tag{3.20}$$

基于等式(3.19)和(3.20)，第 g 组重要性的评估机制可表示为：

$$r^g=\max\{\mu^g-\sigma^g,\varepsilon\},\tag{3.21}$$

其中 $0<\varepsilon\ll1$ 也为一个给定的阈值，$r^g>0$。具有较小 σ^g 值的组被称为含有稠密特征的组，具有较大的 μ^g 的组表示其内部具有更多的重要特征。我们假设具有重要的特征的稠密组应该被优先选择，这表示在选择关键特征时具有较高的组稀疏性。选择较少的组可以在某种程度上减少引入模型中的噪声。因此，r^g 可用于构造组惩罚实现惩罚非稠密（不重要）的特征组。组的权重值越大证明该组越不重要，即对不重要组的系数施加一个较大的惩罚，对重要特征组施加一个较小的惩罚。

根据组评估机制(3.21)和基于 r^g 的 K 个分类器，我们可以评估 g 组的全部贡献。然后，在等式(3.6)和(3.9)的第 g 个组的权重系数可被定义为 η_g，其表达式为 $\eta_g=1/r^g$，即：

$$\eta_g=\frac{1}{\max\{\mu^g-\sigma^g,\varepsilon\}}, \tag{3.22}$$

其中 $g=1,\cdots,G$。那么组权重向量可被表示为：$\eta=(\eta_1,\cdots,\eta_G)^{\mathrm{T}}$。对于不同的组，惩罚的大小可能不同。

基于上述分析，特征和组权重计算（FGWC）过程如算法 2 所示。

根据等式(3.17)，(3.19)和(3.20)，FGWC 的时间复杂度为 $O(p_g^2)$，其小于 $O(p^2)$。这使得 FGWC 算法非常适合应用于高维数据。除效率外，FGWC 算法的另一个优点是它构造的权重直观地解释了特征和组的重要性。

3.5 多项式自适应稀疏组 Lasso 模型的求解算法

为了更精确地选择重要的特征进行分类，我们首先提出了一个新的监督特征聚类算法并用其将与类标签相关的相似特征分为一组。其次，与分类高度相关的组和特征的重要性可使用等式(3.17)和(3.21)来粗略评估。最后通过收缩自适应稀疏组 Lasso 惩罚来实现组和特征的选择。图 3.2 给出了所提特征选择框架的结构，由特征分组、权重构造和基于分组和权重构造的多项式自适应稀疏组 Lasso（MASGL）模型组成。

算法 2：特征和组权重计算(FGWC)

Input: $X^{(g)} \in R^{N \times p_g}, \varepsilon, \kappa$.

Output: $\boldsymbol{w}^{(g)}, \eta_g$.

1 $\mu^g \leftarrow 0$;
2 $\sigma^g \leftarrow 0$;
3 for $k = 1$ to p_g do
4 　通过等式(3.17)来计算 s_k^g;
5 　if $s_k^g \geq \varepsilon$ then
6 　　if $s_k^g \leq 1/\kappa$ then
7 　　　$w_k^g \leftarrow 1/s_k^g$;
8 　　else
9 　　　$w_k^g \leftarrow \kappa$;
10 　else
11 　　$w_k^g \leftarrow 1/\varepsilon$;
12 　$\mu^g \leftarrow \mu^g + s_k^g$;
13 $\mu^g \leftarrow \mu^g / p_g$;
14 for k=1 to p_g do
15 　$\sigma^g \leftarrow \sigma^g + \left(s_k^g - \mu^g\right)^2$;
16 $\sigma^g \leftarrow \sqrt{\sigma^g / p_g}$;
17 $\boldsymbol{w}^{(g)} \leftarrow diag\left(w_1^{(g)}, \cdots, w_{p_g}^{(g)}\right)$;
18 $\eta_g \leftarrow 1/\max\left\{\mu^g - \sigma^g, \varepsilon\right\}$;
19 return $\boldsymbol{w}^{(g)}, \eta_g$.

我们接下来提出了一个算法来求解 MASGL 模型。根据文献[12]，主要算法 3 FSA(Feature Selection Algorithm)由三个循环组成：外层坐标梯度下降循环(OCGDL)，中间分块坐标下降循环 (MBCDL)以及内层改进的坐标下降循环(IMCDL)。在等式(3.8)中的惩罚 Φ(·)可分离性已在定理 4.1 中证明，这是保证坐标下降算法收敛性的必要条件。

对于算法 4(OCGDL)，我们令 $f(\beta)=-l(\beta)$，$q=\nabla f(\bar{\beta})$ 以及 $=\nabla^2 f(\beta)$。$f(\beta)$在当前估计 $\bar{\beta}$ 的二次近似为：

$$f(\beta)=q^{\mathrm{T}}(\beta-\bar{\beta})+\frac{1}{2}(\beta-\bar{\beta})^{\mathrm{T}}H(\beta-\bar{\beta})+f(\bar{\beta})+O(\beta) \tag{3.23}$$

$$=Q(\beta)-q^{\mathrm{T}}\bar{\beta}+\frac{1}{2}\bar{\beta}^{\mathrm{T}}\bar{H}\beta+f(\bar{\beta})+O(\beta), \tag{3.24}$$

其中 H 为 $f(\beta)$的海森矩阵。由于 H 是对称的，那么 $Q(\beta)=(q-\bar{H}\beta)^{\mathrm{T}}\beta+\frac{1}{2}\beta^{\mathrm{T}}H\beta$。

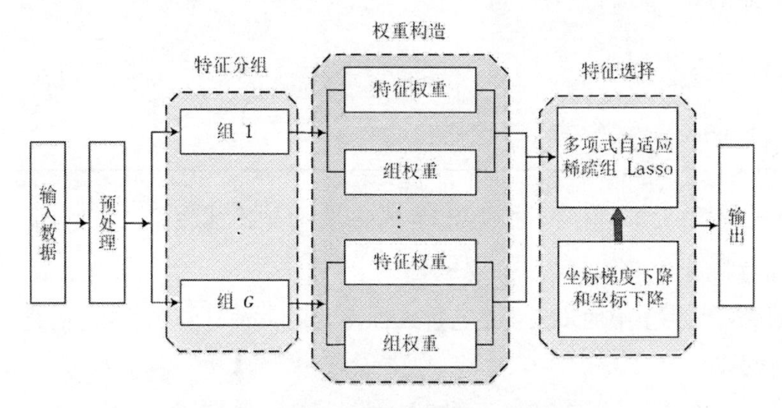

图 3.2　所提的特征选择框架的系统图

算法 3:特征选择算法(FSA)

Input:输入矩阵 X ，指示响应向量 $\boldsymbol{\tau}$ ，正则化参数：α，λ。

Output:分类器 $\phi(\boldsymbol{x})$，所有特征的重要性向量 $\boldsymbol{\rho}\in R^{p}$.

1 for $l=1$ to K do

2 　　调用算法 OCGDL 来求解等式(3.9);

　　/*调用算法 4 */

3 　　调用算法 MBCDL 来求解等式(3.25);

　　/*调用算法 5 */

4 　　调用算法IMCDL 来求解等式(3.28)的最小值;

　　/*调用算法 6 */

5 　　$f_l(\boldsymbol{x})\leftarrow\boldsymbol{x}^{\mathrm{T}}\hat{\boldsymbol{\beta}}_l$;

6 $\phi(\boldsymbol{x})\leftarrow\underset{l=1,\cdots,K}{\arg\max}\, f_l(\boldsymbol{x})$;

7 $\boldsymbol{\rho}\leftarrow\sum_{l=1}^{K}\hat{\boldsymbol{\beta}}_l$;

8 return $\phi(\boldsymbol{x}),\boldsymbol{\rho}$.

忽略等式(3.23)中的不相关项,等式(3.9)可被简化为：

$$\min_{\beta\in R^{p}}\{Q(\beta)+\lambda\Phi(\beta)\}. \tag{3.25}$$

注意到算法 4 中的步长 t 是通过线性搜索的方法计算的,其目的是为了确保全局收敛。

算法 5(MBCDL)目的是求解(3.25)。由于惩罚 Φ 是可分离的,等式(3.25)可被重新表达为：$\min_{\beta\in \mathrm{R}^{\mathrm{P}}}\left\{Q(\beta)+\lambda\sum_{g=1}^{G}\Phi^{(g)}(\beta^{(g)})\right\}$ 。因为 $\Phi^{(g)}$ 是凸的,这已在定理 3.2 证明,因此分块坐标下降算法可以被使用。取第 $g(g=1,\cdots,G)$ 个组,问题可被简化为：

$$\min_{\beta^{(g)}\in R^{pg}}\{Q^{(g)}(\beta^{(g)})+\lambda\Phi^{(g)}(\beta^{(g)})\}. \tag{3.26}$$

其中 $\beta^{(g)}$ 是第 g 个组的估计系数。

算法 4:外层坐标梯度下降循环(OCGDL)

1　$\overline{\boldsymbol{\beta}} \leftarrow \boldsymbol{\beta}_0$;

2　repeat

3　　$\boldsymbol{q} \leftarrow \nabla f(\overline{\boldsymbol{\beta}}), H \leftarrow \nabla^2 f(\overline{\boldsymbol{\beta}}), Q(\boldsymbol{\beta}) \leftarrow (\boldsymbol{q} - H\overline{\boldsymbol{\beta}})^{\mathrm{T}} \boldsymbol{\beta} + \frac{1}{2}\boldsymbol{\beta}^{\mathrm{T}} H\boldsymbol{\beta}$;

4　　$\hat{\boldsymbol{\beta}} \leftarrow \arg\min_{\boldsymbol{\beta} \in R^p} \{Q(\boldsymbol{\beta}) + \lambda\Phi(\boldsymbol{\beta})\}$;

5　　计算步长 t;

6　　$\Delta \leftarrow \overline{\boldsymbol{\beta}} - \hat{\boldsymbol{\beta}}$;

7　　$\overline{\boldsymbol{\beta}} \leftarrow \overline{\boldsymbol{\beta}} + t\Delta$;

8　until(满足终止条件);

由于 H 是一个对角矩阵,我们可以把它分解成尺寸为 $G \times G$ 的分块矩阵。由于矩阵 H 是对称的,我们得到

$$Q^{(g)}(\beta^{(g)}) = \beta^{(g)\mathrm{T}}(q^{(g)} + [H(\beta - \bar{\beta})]^{(g)} - H_{gg}\beta^{(g)}) + \frac{1}{2}\beta^{(g)\mathrm{T}} H_{gg}\beta^{(g)}, \tag{3.27}$$

由于加性常数,(3.27)可被重新表达为:$Q^{(g)}(\beta^{(g)}) = \beta^{(g)\mathrm{T}}\delta^{(g)} + \frac{1}{2}\beta^{(g)\mathrm{T}} H_{gg}\beta^{(g)}$,其中 $\delta^{(g)} = q^{(g)} + [H(\beta - \bar{\beta})]^{(g)} - H_{gg}\beta^{(g)}$ 是块梯度。通过定理 4.2,可得当且仅当 $\| S(\delta^{(g)}, \lambda\alpha w^{(g)} e_g) \|_2 \leqslant \lambda(1-\alpha)\eta_g$ 满足时,等式(3.26)的最小值为 0。

算法 5：中间分块坐标下降循环（MBCDL）

1 通过使用 SPC 将数据集 X 中的特征分为 G 个组 $\{SG_1,\cdots,SG_G\}$；

2 repeat

3 for $g=1$ to G do

4 计算分开梯度 $\boldsymbol{\delta}^{(g)}$；

5 调用算法 FGWC 来计算 $\boldsymbol{w}^{(g)},\eta_g$；

6 if $\left\|S\left(\boldsymbol{\delta}^{(g)},\lambda\alpha\boldsymbol{w}^{(g)}\boldsymbol{e}_g\right)\right\|_2\le\lambda(1-\alpha)\eta_g$ then

7 $\hat{\boldsymbol{\beta}}^{(g)}\leftarrow\mathbf{0}$;

8 else

9 $\hat{\boldsymbol{\beta}}^{(g)}\leftarrow\underset{\boldsymbol{\beta}^{(g)}\in R^{p_g}}{\arg\min}\left\{Q^{(g)}\left(\boldsymbol{\beta}^{(g)}\right)+\lambda\Phi^{(g)}\left(\boldsymbol{\beta}^{(g)}\right)\right\}$;

10 until (满足终止条件);

最终算法 6（IMCDL）被用来求解（3.26），其为等式

$$Q^{(g)}(\beta^{(g)})+\lambda(1-\alpha)\eta_g\parallel\beta^{(g)}\parallel_2+\lambda\alpha\sum_{j=1}^{p_g}w_j^{(g)}\left|\beta_j^{(g)}\right| \tag{3.28}$$

的最小值，其中等式（3.28）的前两项被视为损失函数，第三项被视为惩罚项。我们注意到损失项在 0 点是不可微的，因此不可微部分不是完全可分的。这意味着一般的分块坐标下降算法不能保证收敛到最小值，但这个问题可以用算法 6 来求解。

在第 g 组的第 j 次迭代，我们需要计算函数 φ 的最小值：

$$\varphi(\beta_j^{(g)})=c\beta_j^{(g)}+\frac{1}{2}h\beta_j^{(g)2}+\eta\sqrt{\beta_j^{(g)2}+r}+w\left|\beta_j^{(g)}\right|, \tag{3.29}$$

其中 $c=\delta_j^{(g)}+\sum_{j\neq k}(H_{gg})_{jk}\beta_k^{(g)}$，$\eta=\lambda(1-\alpha)\eta_g$，$r=\sum_{j\neq k}\beta_k^{(g)2}$，$w=\lambda\alpha w_j^{(g)}$，$h$ 是海森矩阵 H_{gg} 的第 j 个对角线的值。

因为 $f(\beta)$ 是凸的，我们可以得到 $h\geqslant 0$。由于 $Q(\beta)$ 的二次近似是有下界的，我们可得当 $h=0$ 时，$\beta_j^{(g)}=0$。如果 $h>0$，φ 的最小值 $\beta_j^{(g)}$ 可以获得如下所

示：

如果 $r=0$ 或者 $\eta=0$，那么

$$\beta_j^{(g)}=\begin{cases}\dfrac{w+\eta-c}{h}, & \text{if } c>w+\eta;\\ 0, & \text{if} |c|\leqslant w+\eta;\\ \dfrac{-w-\eta-c}{h}, & \text{if } c<-w-\eta.\end{cases} \tag{3.30}$$

如果 $r>0,\eta>0$，那么 $\beta_j^{(g)}=0$。反之，如果 $|c|\leqslant w$，那么解为

$$c+\text{sign}(w-c)w+h\beta_j^{(g)}+\frac{\eta\beta_j^{(g)}}{\sqrt{\beta_j^{(g)2}+r}}=0, \tag{3.31}$$

这可以用标准的寻根算法来解决。

算法 6:内层改进的坐标梯度下降(IMCDL)

```
1  repeat
2      for j = 1 to p_g do
3          根据等式(3.30)和(3.31)来计算 β_j^(g);
4          β̂_j^(g) ← argmin_{β_j^(g)∈R} {Q^(g)(β_j^(g)) + λΦ^(g)(β_j^(g))};
5      if (‖β̂^(g)‖_2 ≤ ε and Q^(g)(β̂^(g)) + λΦ^(g)(β̂^(g)) ≥ 0) then
6          通过等式(3.32)来计算等式(3.28)在 0 点的梯度 Δ^(g);
7          t ← 1;
8          while Q^(g)(tΔ^(g)) + λΦ^(g)(tΔ^(g)) ≥ 0 do
9              t ← ñt;
10         β̂^(g) ← tΔ^(g);
11 until (满足终止条件);
```

根据定义 4.2，我们定义 $\Delta\in R^p$，(3.28)在 0 点的下降方向为：$\Delta_k^{(g)}\triangleq-\text{sign}(\delta_k^{(g)})(\max\{0,|\delta_k^{(g)}|-\lambda\alpha w_k^{(g)}\})$，可扩展为：

$$\Delta_k^{(g)}\triangleq\begin{cases}0, & \text{if } |\delta_k^{(g)}|\leqslant\lambda\alpha w_k^{(g)};\\ \delta_k^{(g)}-\lambda\alpha w_k^{(g)}\text{sign}(\delta_k^{(g)}), & \text{否则}.\end{cases} \tag{3.32}$$

算法 6 中的步长也可通过线性搜索的方法获得。

3.6 实验结果

我们将多项式自适应稀疏组 Lasso(MASGL)模型与现有的同类型特征选择模型进行了比较。实验是在一台 Intel(R) Core(TM) i5-6500 CPU @ 3.20 GHz 计算机上进行的,该计算机的主 RAM 内存为 8.00GB,在 Windows Server 2010 标准版上运行。

我们使用公开的真实的数据集,使用三种常用的性能评估指标进行评估:误分类误差,选择的特征数目以及 F-measure。误分类误差是所有错误分类样本之和与所有测试样本之和的比率。该度量用于测量分类器对整个测试数据的误差。误分类误差通常被定义为 $E=\frac{1}{N}\sum_{i=1}^{N}\mathrm{I}(f(x_{(i)})\neq y_i)$ 。特征选择数是反映算法特征选择性能的指标。

为了评估每类分类性能,我们采用 F-measure 度量,其被广泛应用于多分类的性能评估。给定一个 K 类问题,第 k 类的召回率(recall)可被定义为:$R_k=\frac{TP_k}{TP_k+FN_k}$,其中 $k=1,\cdots,K$,TP_k 表示正确分配给 k 类的样本数,FN_k 表示错误分配给其他类的第 k 类的样本数。第 k 类的精度(precision)被定义为:$P_k=\frac{TP_k}{TP_k+FP_k}$,其中 $k=1,\cdots,K$,FP_k 表示错误预测为 k 类的样本数。传统的第 k 类的 F-measure 或者均衡 F-score(F_1 score)可被计算为:$F\text{-}measure_k=\frac{2R_kP_k}{R_k+P_k}$,其中 $k=1,\cdots,K$,$F\text{-}measure_k$ 是由 R_k 和 P_k 组成的,其为每类的分类性能提供了一个综合标准评价。

接下来,我们来评估多项式自适应稀疏组 Lasso(MASGL)模型的性能,将其与多项式稀疏组 Lasso(MGL)[190],多项式 Lasso(ML)[64]以及多项式回归(MR)[64]在五个公开的数据集:USPS,AR10P,PIE10P,Lung 以及 GLIOMA 上进行对比,具体结果总结在表格 3.1 中。这五个数据集包含了图像和生物微阵列数据分类等一系列应用领域。表 3.1 总结了上述数据集[①]对应的详细信息。

表 3.1　试验中的基准数据

Dataset	Features	Samples	Classes	Domain
USPS	256	9298	10	Image，Hand Written
AR10P	2400	130	10	Image，Face
PIE10P	2420	210	10	Image，Face
Lung	3312	203	5	Microarray，Bio
GLIOMA	4434	50	4	Microarray，Bio

采用随机划分方法对五种模型的分类性能进行了评价。这意味着我们随机地划分数据集，使得大约 60％－90％的数据集为训练样本，则剩余的 10％－40％是测试样本。具体的划分信息展示在表格 3.2 中。

利用 3.4.2 小节中的监督特征聚类(SFC)算法将五个数据集的所有特征分为不同的组，分组结果见表格 3.3。

我们根据两个一般用于整体性能评估的评估指标：误分类误差和特征选择数，将提出的 MASGL 模型与其他四个模型 MSGL、MGL、ML 和 MR 在五个数据集上进行比较。为了避免单个实验的偶然性，每个过程在每个数据集上重复运行 10 次。表 3.4 报告了在五个数据集上五个模型重复 10 次的平均误分类误差(AME)。

表 3.2　五个基准数据集的划分信息

Dataset	No. of Training	No. of Testing
USPS	6200	3098
AR10P	100	30
PIE10P	180	30
Lung	150	53
GLIOMA	30	20

① http://featureselection.asu.edu/datasets.php

表 3.3 SFC 在五个基准数据集上得到的组数

Dataset	USPS	AR10P	PIE10P	Lung	GLIOMA
Groups	20	26	36	38	52

表 3.4 表明，在五个数据集上 MASGL 与 MSGL，MGL，ML 和 MR 相比，MASGL 获得的 AMEs 和 ANFS 小得多。例如，在 PIE10P 数据集上，MASGL 的 AME 为 0.077，远小于 MSGL，MGL，ML 和 MR 的 AME(0.163，0.227，0.240 以及 0.230)。这种现象表明，在 PIE10P 数据集上，MASGL 在五个模型中实现了最佳分类性能。此外，在五个数据集上，MASGL 在五个模型中得到的的 ANFS 最少。即使 MASGL 和 ML 在 Lung 数据集上获得了相似的 AME 值，MASGL 仅使用 41.2 个 ANFS，而 ML 使用 54.1 个 ANFS。另一方面，在五个数据集上，MASGL 在五个模型中获得最低的平均 AME 和最小的平均 ANFS。换句话说，MASGL 的分类性能和特征选择性能都明显优于 MSGL，MGL，ML 和 MR 模型。

表 3.4 五种模型在五个基准数据集上的实验结果

Index	Dataset	MR	ML	MGL	MSGL	MASGL
AME	USPS	0.331	0.293	0.255	0.236	0.148
	AR10P	0.307	0.257	0.290	0.223	0.103
	PIE10P	0.230	0.240	0.227	0.163	0.077
	Lung	0.187	0.123	0.130	0.133	0.109
	GLIOMA	0.400	0.340	0.235	0.227	0.160
	Average	0.291	0.251	0.227	0.196	0.119
ANFS	USPS	60.6	51.0	71.1	50.7	28.0
	AR10P	66.4	53.3	72.3	59.8	39.3
	PIE10P	72.5	55.9	56.2	53.0	45.6
	Lung	62.4	54.1	82.1	51.2	41.2
	GLIOMA	37.3	36.8	38.0	33.9	21.6
	Average	59.84	50.22	63.94	49.72	35.14

接下来使用多因素方差分析(ANOVA)技术分析实验结果。随机实例上每个组合的 RPD 用作响应变量。检验了三个主要假设(模型残差的正态性，因

子水平方差的均方差性或同质性以及残差的独立性)。发现所有假设在此分析中都是可以接受的。图 3.3 展示了 Tukey HSD 检验在 95.0%置信区间内的五个模型与五个数据集的误分类误差交互图。从图 3.3 可得,MASGL 比其他四个模型更具有鲁棒性,即数据集对 MASGL 的性能影响不大,而对其他四个模型的性能影响较大。此外,对于任何数据集,MASGL 始终在五个模型中获得最小的误分类误差。图 3.4 展示了 Tukey HSD 检验在 95.0%置信区间内的五个模型与五个数据集的特征选择数交互图。我们可以从图 3.4 得出结论,对于任何数据集,MASGL 在五个模型中始终获得最少的特征选择数。

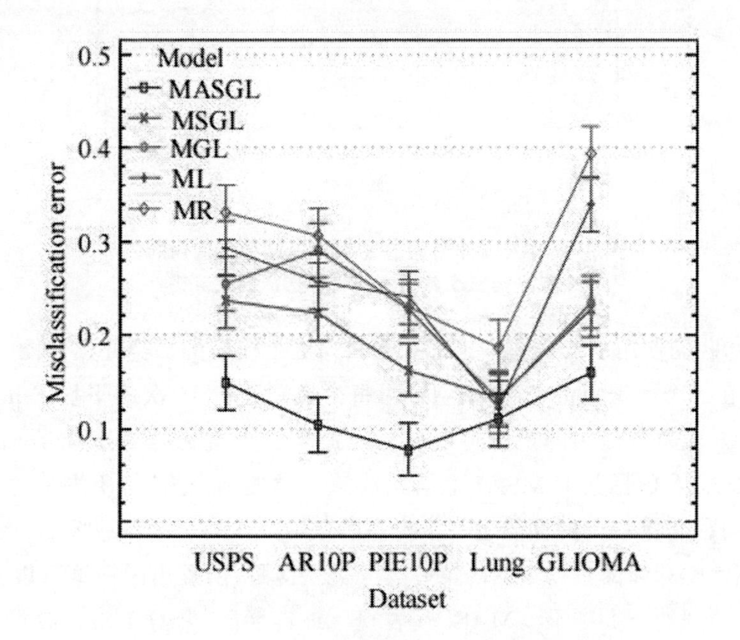

图 3.3　Tukey HSD 检验在 95.0%置信区间内的
五个模型与五个数据集的误分类误差交互图

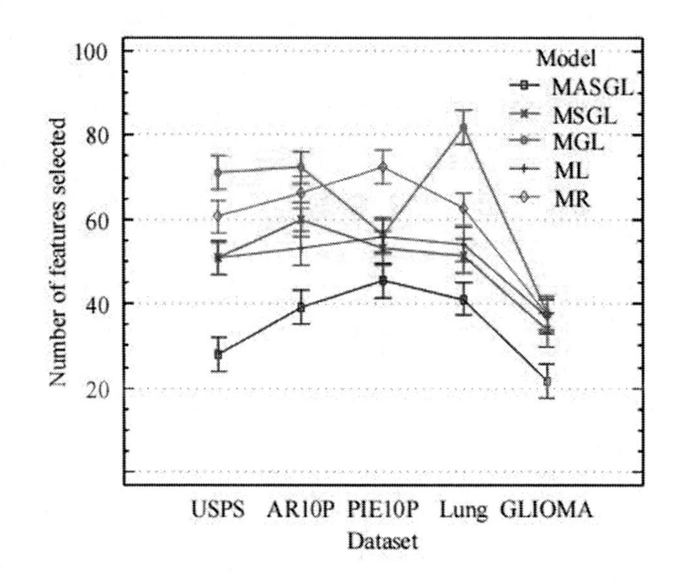

图 3.4　Tukey HSD 检验在 95.0%置信区间内的
五个模型与五个数据集的特征选择数交互图

最后,我们使用 F-measure 指标来衡量这五个模型的每类分类性能。图 3.5 描绘了在五个数据集上,五个模型针对每个类别运行 10 次的平均 F-measure 值。图 3.5 表明所提出的模型可以成功地提高每个类别的 F-measure 值。尽管在 GLIOMA 数据集上 MSGL 很容易将第一类类别分类,但所提出的 MASGL 模型可以将第一类的性能进一步提高约 5%。MSGL 不容易将 USPS 数据集上的第六类和肺部数据集上的第五类分类。但是,所提出的模型可以明显改善这两个类别的分类结果。MASGL 表现出最佳性能,针对 USPS 数据集第 6 类的 F-measure 结果,MASGL 比 MSGL 明显提高了 32%,而 Lung 数据集的第 5 类的 F-measure 结果,MASGL 则比 MSGL 提高了 9%。特别是,提出的模型 MASGL 可以显著改善这些平均类别的 F-measure 值。例如,在 AR10P 数据集上,第 9 类的 MASGL 的 F-measure 值大于 MGL 的 F-measure 值。对于许多较难分的类,MSGL 的 F-measure 值远远小于 50%。但是,提出的 MASGL 模型可以提高这些较难分类的类别的 F-measure 值。

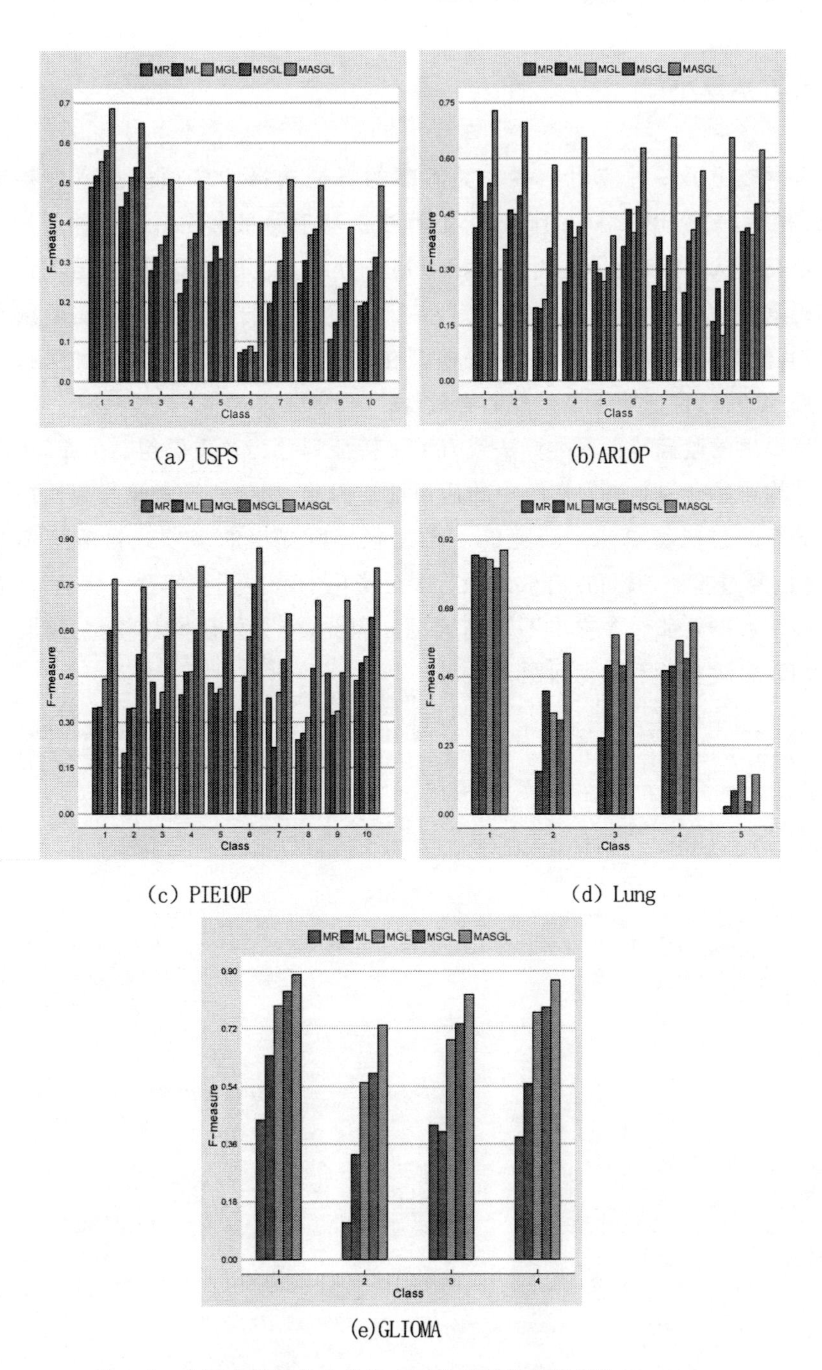

(a) USPS　(b) AR10P

(c) PIE10P　(d) Lung

(e) GLIOMA

图 3.5　在五个数据集上的五个对比模型的每类平均 F-measure

3.7 本章小结

本章提出了一种应用于多分类问题的特征选择的多项式自适应稀疏组Lasso模型，并提出了对应的高效求解算法。基于信息论提出了一种新的监督特征聚类算法，将与类标签相关的相似特征分组。运用信息论，提出了评价特征和组重要性的评估机制，并提出了特征和组权重的构造策略。实验结果证明，与其他四个现有模型相比，所提模型在实现更低的误分类错误和选择更少但有用的特征，这证明了该模型的有效性。

所提出的监督特征聚类算法致力于将特征划分为非重叠组。但是，不重叠的组结构可能会限制其在实践中的适用性。因此，如何将这种聚类算法应用于重叠分组的情况将是未来研究的一条途径。所提出的多项式自适应稀疏组Lasso已经过验证，其可以有效地执行多分类中的特征选择问题。然而，注意到许多高维数据集都包含样本不平衡问题。因此，有必要研究该模型，将其进一步应用以解决多类不平衡问题。

第4章　基于最大相关性和最小监督冗余的特征选择方法

从通常包含许多不相关和冗余特征的高维数据中选择富有丰富信息的特征具有挑战性。这些特征通常会降低分类器的性能并误导分类任务。在本章中，我们提出了一种有效的特征选择方法，可通过考虑特征的相关性和关于类标签的成对特征相关性来提高分类精度。基于条件互信息和信息熵，提出了一种新的监督相似性度量。有监督的相似性度量与特征冗余最小化评估相结合，然后与特征相关性最大化评估准则相结合。引入了新的最大相关性和最小监督冗余(MRMSR)准则，并从理论上证明了该准则可用于特征选择。所提出的基于 MRMSR 准则的方法与六种现有特征选择方法在几种经常研究的公共基准数据集上进行了比较。实验结果表明，所提方法在选择重要特征方面更有效，并且可以取得更好的具有竞争力的分类性能。

4.1 引言

特征选择旨在选择具有较高预测精度的原始特征的最佳子集，通常用于机器学习、数据挖掘和生物信息学等领域[16,149,159,179,180,194−197]。通常在训练分类器之前在数据预处理阶段应用特征选择。此过程也被描述为数据挖掘中的变量选择或生物信息学中的基因选择。通过减少数据维数来提高机器学习性能非常重要。通常，特征选择算法从两个方面进行评估：效率和有效性。效率是搜索最佳特征子集所需的时间。有效性是所选特征子集的质量。由于原始特征中的噪声特征可能会误导分类任务并导致效率低下，因此有必要将其删除以获得更高的分类精度。理想的特征选择方法通过删除冗余和不相关的特征来减少数据维数并避免信息丢失，从而提高学习精度并提高结果的可理解性和泛化性。另外，可以通过去除噪声特征来降低计算复杂度。因此，期望具有高预测精度的特征选择方法以进行有效分类。

近年来，许多方法可用于选择最佳特征子集。根据评估策略，这些方法可以分为两类：依赖于分类器的封装法和嵌入式法，以及不依赖分类器的过滤法[8,11,21,22]。封装法寻找特征子集的空间。分类器的预测精度用作评估候选特征子集质量的指标。通过针对分类问题优化所选特征子集，可以获得更好的性能。但是，过度拟合和较长的计算时间是缺点。通常，嵌入式方法是特征选择中统计学习过程的组成部分。与封装法相比，此类过程需要较少的计算时间，并且不太容易过度拟合。但是，由于它们与学习算法密切相关，因此未被广泛应用。过滤法根据数据的固有属性评估特征的重要性，而这些固有属性与学习算法无关。此外，无需很多假设即可选择通用的特征。由于它们具有更好的泛化性能，因此过滤器方法可以快速处理高维数据，这促使了我们对它们的关注。

许多过滤法是基于信息理论[172]的，该理论广泛用于特征选择。其中一些方法利用互信息来选择最佳特征[15]。有些方法可以有效地删除无关和多余的特征，并且可以进一步分为两种类型[183]：特征冗余最小化（基于相关度量）和新的分类信息最大化。前者的大多数相关度量要么只是评估忽略类别的特征之间的相关性，要么不够准确的量化与类标签有关的特征之间的相互依赖性。一些方法使用多信息构造一些相关度量[174]。使用多信息测量两个特征和类别标签共享的信息时，其中负的多信息被认为是冗余的。如果带有类标签的条件互信息大于两个特征的互信息，则多信息可能为负。但是，这些情况不能视为冗余。因此，通过这些方法选择到低冗余但相关性较弱的特征。第二类型的最大分类信息仅由候选特征提供，而忽略所选特征的分类信息。候选特征和所选特征之间的冗余度不能保证最低。换句话说，第二类型的方法倾向于选择高度相关但高度冗余的特征，即这些特征的重要性可能被高估了。另外，这两种类型都无法很好地平衡特征冗余和新分类信息的重要性。

在本书中，我们致力于特征冗余的最小化，构造了一种标准化特征相关性度量并提出了一种条件互信息和信息熵的一种新的监督相似性度量。所提的监督相似性度量旨在准确量化候选和所选特征之间关于类标签的信息冗余。基于特征相关性度量、监督相似性度量和“最大相关性－最小冗余”，引入了一种新的准则，该准则在相关性和冗余之间取得了平衡。本章提出了一种算法，该算法大大减少甚至完全避免了不相关和多余的特征。本书的主要贡献概述如下：

• 使用了一种基于特征和类标签之间的互信息以及类标签的信息熵的一种标准化度量来评估特征与类标签之间的相关性。

• 基于条件互信息，提出了一种新的监督相似性度量。其将类标签的信息考虑到特征之间的相似度评估或冗余评估中。

• 利用提出的特征相关度量和监督相似性度量，提出了最大相关性和最小监督冗余（MRMSR）的新准则，并在此基础上提出了一种有效的特征选择算法。

4.2 相关工作

特征选择可以被定义为删除尽可能多的不相关和冗余特征的过程。过滤法是有效的程序。在监督学习中，过滤法根据特征与类标签的相关性对特征进行排名。大多数相关分数可以通过一般方法来计算，例如 Pearson 相关系数[198]，F-score[14]，Relief[13]以及 Relief－F[23]。这些方法在删除不相关的特征上有效，但在删除冗余的特征上无效。另一方面，这些方法依赖于原始数据集的实际值，并且对数据集的噪声敏感。然而，信息论[15,172,174]仅依赖于数据集的概率分布，而不依赖于实际值。因此，信息论中的度量指标可以很好地评估特征和类标签之间的相关性以及特征之间的冗余。

信息论已被广泛应用于过滤法[4,5,7,15,182－186,199－208]。一些经典的算法如信息增益（IG）[4]和互信息最大化（MIM）[199]，根据特征和类标签之间的互信息，删除列表中的较低互信息值的特征。删除的特征被视为无关特征。这些方法既简单又快速，但是它们忽略了特征之间的冗余。有一些方法可以在考虑冗余特征的同时删除不相关的特征。通常，这些方法可以分为两种类型：特征冗余最小化和新分类信息最大化。

第一类旨在减少特征冗余以获得更好的综合分类性能。请注意，某些此类特征选择方法（例如，互信息特征选择（MIFS）[15]，最大相关性最小冗余（mMRM）[7]）包括基于候选特征和所选特征的冗余项，而无需考虑类别标签。此外，还有一些基于近似的马尔可夫毯的过滤方法：FCBF[5]和 FAST[201]。这些方法使用对称性不确定性方面的冗余度量来去除无关的特征并将相似的特征聚类。但是，对于给定决策的特征依赖性不能通过对称不确定性[206]准确地量化，而近似的马尔可夫毯并不严格[186]。基于第一种评估策略的一些方法使用多信息来最大程度地减少特征冗余[174]。由两个特征和类标签共享的互信息被认为对于分类是多余的。但是，这些方法仅致力于最小化特征之间的冗余，而忽略了新的分类信息。

第二种类型使候选特征子集提供的分类信息最大化，这也旨在减少特征冗余。这样的特征选择方法包括联合互信息（JMI）[202]，双输入对称相关性（DISR）[203]，信息片段（IF）[204]以及条件信息最大化（CMIM）[205]，其也是 IF 方法的变体。当添加新特征时，这些方法选择具有最大分类信息的候选特征，而忽略所选特征的信息。然而，被忽略的信息与冗余信息负相关，即这些方法不能确保候选特征之间的冗余并且所选择的特征冗余度最小。或由于这些原因，通常会高估候选特征的重要性，并选择高度相关且高度冗余的特征。此外，联合互信息最大化（JMIM）[207]存在低估特征重要性的问题[208]和最大化独立分类信息（MRI）[183]使用由候选特征和目标类别之间的相互信息评估的常规特征之间的相关性。

为了克服现有研究中方法的缺点，本章引入了一种新的特征选择方法 MRMSR。MRMSR 是基于互信息、条件互信息和信息熵而提出的。除了添加到 MRMSR 中的冗余项外，还需测量特征与类标签之间的相关性。选择与类别标签高度相关，并且彼此之间的相关性较低的特征，从而能够明显提高分类精度。

4.3 问题描述和预备知识

在本章中我们主要研究 p 个特征和 N 个样本数据的 K 类分类问题，给定一组训练数据集$\{(x_i,y_i)\mid i=1,\cdots,N\}$，$x_i=(x_{i1},\cdots,x_{ip})^{\mathrm{T}}$ 为第 i^{th} 样本的 p 维特征向量，$y_i\in\{1,\cdots,K\}$表示其类标签。令 $C=\{y_1,\cdots,y_N\}$为 N 个样本的类标签。$F=\{F_1,\cdots,F_p\}$是一所有特征的集合，模型矩阵 $X=(x_1^{\mathrm{T}};\cdots;x_N^{\mathrm{T}})=(x_{(1)},\cdots,x_{(p)})$的尺寸为 $N\times p$，其中 $x_{(j)}=(x_{1j},\cdots,x_{Nj})^{\mathrm{T}}$ 是矩阵 X 的第 j 列向量，也是第 j 个预测子。$F_j(j=1,\cdots,p)$表示数据集的第 j 个特征。

特征选择的目的是为了寻找一个包含 k 个特征的最优特征子集 $C_{best}=\{F_1,\cdots,F_k\}\subseteq F$，这个子集不仅与目标类标签 C 有最大的依赖性，彼此之间具有较低相关性。特征被分为三个不相交的类型：强相关，弱相关和不相关[20]。除了不相关的特征外，还应删除冗余的特征，因为它们会严重影响学习算法的速度和分类精度[186,206]。因此，特征选择方法试图消除不相关和冗余的特征。在考虑了冗余特征之后，弱相关特征可以分为弱相关但非冗余特征和弱相关且冗余特征。4.1 描述了所有特征的特定分布，这意味着总的特征集可以被归类为四个不相交的水平。最优的特征子集通常被包含在集合 C 和 D 中。k 的值越小，D 中特征更可能被更好的特征选择方法来选择。

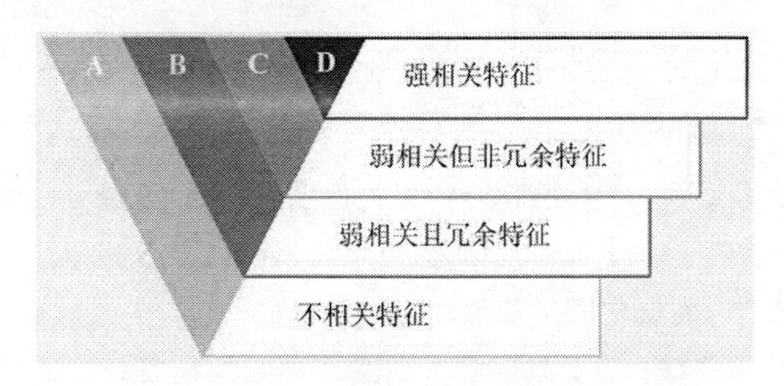

图 4.1　原始特征集内所有特征的分布图

我们致力于将信息论中的信息熵、互信息以及条件互信息引入特征选择问题中。以下介绍了信息论[172]中的一些信息度量的概念。令 $X=(x_1,\cdots,x_n)$，$Y=(y_1,\cdots,y_n)$和 $Z=(z_1,\cdots,z_n)$为三个离散集。根据文献[172]，变量 X 的信息熵可被定义为：

$$H(X)=-\sum_{x\in X}p(x)\log p(x)\ , \tag{4.1}$$

其中 $p(x)$为随机变量 X 的概率密度函数。熵 $H(X)$表示 X 的不确定性。给定变量 Y 时 X 的条件信息熵为 $H(X\mid Y)=-\sum_{y\in Y}p(y)\sum_{x\in X}p(x\mid y)\log p(x\mid y)$，其中 $p(x|y)$是给定变量 Y 时的 X 的条件概率密度函数。条件熵 $H(X|Y)$表示在已知另外一个随机变量 Y 的基础上，变量 X 的信息熵。

互信息(MI)通常用来测量变量 X 和 Y 之间共享的信息，可以被定义为：

$$I(X;Y)=\sum_{x\in X}\sum_{y\in Y}p(x,y)\log\frac{p(x,y)}{p(x)p(y)}\ , \tag{4.2}$$

其中 $p(x,y)$为 x 和 y 的联合概率密度函数。根据互信息的定义，$I(X;Y)$的值越大，变量 X 和 Y 越相关。

条件互信息(CMI)可以被用来测量给定另一个变量 Z 的条件下，变量 X

和 Y 之间的相关信息量，可被定义为：

$$I(X;Y \mid Z)=\sum_{x \in X} \sum_{y \in Y} \sum_{z \in Z} p(x,y,z) \log \frac{p(x,y \mid z)}{p(x \mid z) p(y \mid z)}, \quad (4.3)$$

其中 $I(X;Y|Z)$ 也可解释为给定变量 Z 的情况下，变量 X 和 Y 共享信息的数量。

4.4 特征选择方法

4.4.1 监督相似性度量

本章首先构造了一个标准化特征相关性度量，这个度量可以测量特征与类标签之间的相关性。基于条件互信息，可以构造新的监督相似性度量用来度量关于类标签的成对特征之间的相似性。

定义 4.1(相关性) 对于数据集 X，特征 F_i 与类标签 C 之间的相关性可以被定义为：$R(F_i;C)=\frac{I(F_i;C)}{H(C)}$。

类标签 C 的信息熵 $H(C)$ 可以被视为归一化因子，这可以通过等式(4.1)来获得。通过等式(4.2)来确定 $I(F_i;C)$。通常特征相关性度量 $I(F_i;C)$ 根据不同特征 F_i 的急剧变化。因为 $0 \leqslant I(F_i;C)=H(C)-H(C|F_i) \leqslant H(C)$，我们用该指标除以其上限 $H(C)$ 进而构造一个标准化的度量：$R(F_i;C)=\frac{I(F_i;C)}{H(C)} \in [0,1]$。换句话说，$F_i$ 和 C 之间的相关性 $R(F_i;C)$ 是互信息 $I(F_i;C)$ 和 C 的独立信息之间的比值，这意味着可以通过另一个变量 C 的已知信息获得 F_i 的不确定信息百分比。$R(F_i;C)=1$ 或者 $I(F_i;C)=H(C)$ 意味着类标签 C 可以从特征 F_i 中完全预测。$R(F_i;C)=0$ 或者 $I(F_i;C)=0$ 表示 F_i 和 C 是完全独立的。可以通过标准化度量 $R(F_i;C)$ 来测量特征与类标签之间的相关性。

定义 4.2 特征 F_i 关于另一个特征 F_j 的重要性可以被定义为：$\Phi_{i,j}=\frac{I(F_i;C|F_i)}{H(C)}$。

条件互信息 $I(F_i;C|F_j)$ 可以通过等式(4.3)来计算。由于 $0 \leqslant I(F_i;C|$

$F_j)=H(C|F_j)-H(C|F_i,F_j)\leqslant H(C|F_j)$ 和 $H(C|F_j)\leqslant H(C)$，那么 $\Phi_{i,j}=\dfrac{I(F_i;C|F_j)}{H(C)}\in[0,1]$。特征 F_i 的重要性是 F_i 关于另一个特征 F_j 而预测的类标签 C 的信息量。信息量越大，特征 F_i 越重要。当信息量 $\Phi_{i,j}$ 为 0 时，特征 F_i 是不重要的。此外，$I(F_i;C|F_j)=H(C|F_j)-H(C|F_i,F_j)$ 表示当已知 F_j 以及已知 F_i 和 F_j 时，C 的平均剩余不确定性差异量。

如果 F_i 和 F_j 与类标签 C 具有相同的信息，那么 $H(C|F_j)$ 等价于 $H(C|F_i,F_j)$，这意味着 $\Phi_{i,j}$ 为 0。相反地，如果 F_i 含有一些关于 C 的信息，但是这些信息不包含在特征 F_j 中，若这个差异越大，那么 F_i 与特征 F_i 越不相似。因此，$\Phi_{i,j}$ 可用于测量特征 F_i 和 F_j 之间的差异，具体定义如下。

定义 4.3 成对特征 F_i 和 F_j 之间的差异性度量可被定义为：$\varphi_{i,j}=\dfrac{\Phi_{i,j}+\Phi_{j,i}}{2}=\dfrac{I(F_i;C|F_j)+I(F_j;C|F_i)}{2H(C)}$。

$\Phi_{j,i}$ 表示特征 F_j 相对于特征 F_i 的重要性，这也代表了特征 F_i 和 F_j 之间的差异。因此，$\varphi_{i,j}=\dfrac{I(F_i;C|F_j)+I(F_j;C|F_i)}{2H(C)}$ 代表总体差异函数。显然地，$\varphi_{i,j}$ 是对称的。根据差异性度量 $\varphi_{i,j}$ 的定义和上述分析，对成对特征之间的监督相似性(冗余)度量的详细描述定义如下。

定义 4.4 特征 F_i 和 F_j 之间的监督相似性度量可被定义为：

$$S_{i,j}=1-\varphi_{i,j}=1-\frac{I(F_i;C|F_j)+I(F_j;C|F_i)}{2H(C)}. \tag{4.4}$$

监督相似性度量 $S_{i,j}$ 与类标签 C 的信息直接相关，也与特征 F_i 与 F_j 之间的相似性相关。如果特征 F_i 和 F_j 与类别标签 C 完全相关，那么存在 $\varphi_{i,j}=0$ 和 $S_{i,j}=1$。相反地，如果特征 F_i 和 F_j 完全无关，那么存在 $\varphi_{i,j}=1$ 和 $S_{i,j}=0$。

命题 4.1 对于 $\forall F_i,\forall F_j$，监督相似性度量 $S_{i,j}$ 存在如下性质：

(Ⅰ) $0\leqslant S_{i,j}\leqslant 1$。

(Ⅱ)特征 F_i 和 F_j 与类标签 C 完全相关，即当且仅当 $S_{i,j}=1$ 时，$F_i=F_j$。

(Ⅲ)当且仅当 F_i 和 F_j 关于类标签 C 完全不相关时，$S_{i,j}=0$。

(Ⅳ) $S_{i,j}=S_{j,i}$。

证明 4.1 (i)实际上，$0\leqslant\dfrac{I(F_i;C|F_j)}{H(C)}\leqslant 1$ 以及 $0\leqslant\dfrac{I(F_j;C|F_i)}{H(C)}\leqslant 1$ 意味着

$0 \leqslant \varphi_{i,j} \leqslant 1$。进一步地，$S_{i,j}=1-\varphi_{i,j}$ 导致 $0 \leqslant S_{i,j} \leqslant 1$。

（Ⅱ）由于 $I(F_i;C|F_j)+I(F_j;C|F_i)=2I(F_i,F_j;C)-I(F_i;C)-I(F_j;C)$，当 $F_i=F_j$ 时，$I(F_i,F_j;C)=I(F_i;C)=I(F_j;C)$。我们可以获得 $I(F_i;C|F_j)+I(F_j;C|F_i)=0$，$\varphi_{i,j}=0$ 和 $S_{i,j}=1-\varphi_{i,j}=1$。

（Ⅲ）$\varphi_{i,j}=\dfrac{I(F_i;C|F_j)+I(F_j;C|F_i)}{2H(C)}$越大意味着特征 F_i 和 F_j 之间的相关性越小。因此，当 $\varphi_{i,j}=1$ 或者 $S_{i,j}=0$ 时，特征 F_i 和 F_j 关于类标签 C 完全不相关，反之亦然。

（Ⅳ）实际上，$\varphi_{i,j}=\dfrac{I(F_i;C|F_j)+I(F_j;C|F_i)}{2H(C)}=\dfrac{I(F_j;C|F_i)+I(F_i;C|F_j)}{2H(C)}=\varphi_{j,i}$，表明了 $S_{i,j}=1-\varphi_{i,j}=1-\varphi_{j,i}=S_{j,i}$。

定理 4.1 监督相似性度量 $S_{i,j}$ 不仅包含类标签 C 的信息，也包含特征 F_i 与 F_j 之间的无监督相似性信息，即 $I(F_i;F_j)$。

证明 4.2 根据信息论[172]，可得

$$\begin{aligned} I(X;Y|Z) &= H(X|Z)-H(X|Y,Z) \\ &= H(Y|Z)-H(Y|X,Z) \end{aligned} \tag{4.5}$$

$$I(X;Y)=H(X)-H(X|Y)=H(Y)-H(Y|X). \tag{4.6}$$

通过等式(4.5)，可以得到如下式子：

$$\begin{aligned} \varphi_{i,j} &= \frac{I(F_i;C|F_j)+I(F_j;C|F_i)}{2H(C)} \\ &= \frac{H(F_i|F_j)-H(F_i|C,F_j)+H(F_j|F_i)-H(F_j|C,F_i)}{2H(C)}. \end{aligned}$$

此外，

$$\begin{aligned} H(X,Y,Z) &= H(Z)+H(X,Y|Z) \\ &= H(Z)+H(Y|Z)+H(X|Y,Z) \\ &= H(Z)+H(X|Z)+H(Y|X,Z). \end{aligned} \tag{4.7}$$

根据等式(4.7)，$H(F_i|C,F_j)=H(F_i,F_j|C)-H(F_j|C)$，$H(F_j|C,F_i)=H(F_i,F_j|C)-H(F_i|C)$。因此，

$$\begin{aligned}\varphi_{i,j} &= \frac{H(F_i|F_j)-(H(F_i,F_j|C)-H(F_j|C))}{2H(C)} \\ &\quad+\frac{H(F_j|F_i)-(H(F_i,F_j|C)-H(F_i|C))}{2H(C)} \\ &= \frac{H(F_i|F_j)+H(F_j|C)+H(F_j|F_i)+H(F_i|C)}{2H(C)}-\frac{H(F_i,F_j|C)}{H(C)}.\end{aligned}$$

根据等式(4.6)，$I(F_i;F_j)=H(F_i)-H(F_i|F_j)=H(F_j)-H(F_j|F_i)$，可得

$$\begin{aligned}\varphi_{i,j} &= \frac{H(F_i)+H(F_j)}{2H(C)}-(\frac{H(F_i)-H(F_i|F_j)-H(F_j|C)}{2H(C)} \\ &\quad+\frac{H(F_j)-H(F_j|F_i)-H(F_i|C)}{2H(C)})-\frac{H(F_i,F_j|C)}{H(C)} \\ &= \frac{H(F_i)+H(F_j)+H(F_i|C)+H(F_j|C)}{2H(C)}-\frac{I(F_i;F_j)}{H(C)} \\ &\quad-\frac{H(F_i,F_j|C)}{H(C)}.\end{aligned} \tag{4.8}$$

根据等式(4.4)—(4.8)，可得

$$\begin{aligned}S_{i,j} &= 1-\varphi_{i,j} \\ &= 1-\frac{H(F_i)+H(F_j)+H(F_i|C)+H(F_j|C)}{2H(C)} \\ &\quad+\frac{I(F_i;F_j)}{H(C)}+\frac{H(F_i,F_j|C)}{H(C)}.\end{aligned}$$

这表明，监督相似性度量 $S_{i,j}$ 不仅包括类标签 C 的信息，还包括成对特征之间的无监督相似性信息 $I(F_i;F_j)$。

mRMR[7]使用的无监督相似性度量 $I(F_i;F_j)$ 是用来衡量成对特征共享的信息，这部分信息与分类任务无关。明显的，仅当两个特征 F_i 和 F_j 之间与类别方面 C 存在一些共同信息时，才可以被视为冗余，这部分信息可以通过多信息 $I(F_i;F_j;C)$[174]来衡量。但是，并非由多信息计算出的每个值都表示特征之间真正的冗余。与多信息 $I(F_i;F_j;C)$ 相对比，本书所提出的监督性相似性度量 $S_{i,j}$ 可以获得更多的信息，这可在如下的定理 4.2 中得到证明。

定理 4.2 与多信息 $I(F_i;F_j;C)$ 相比，本章所提的监督相似性度量 $S_{i,j}$ 能够提供更多的成对特征之间的相似性信息。

证明 4.3

$$\begin{aligned}S_{i,j}&=1-\frac{I(F_i;C|F_j)+I(F_j;C|F_i)}{2H(C)}\\&=1-\frac{I(F_i;C)-I(F_i;F_j;C)+I(F_j;C)-I(F_i;F_j;C)}{2H(C)}\\&=1-\frac{I(F_i;C)+I(F_j;C)}{2H(C)}+\frac{I(F_i;F_j;C)}{H(C)}\\&=\frac{H(C|F_i)+H(C|F_j)}{2H(C)}+\frac{I(F_i;F_j;C)}{H(C)}.\end{aligned}$$

因此,多信息 $I(F_i;F_j;C)$被包含在 $S_{i,j}$ 中。我们可得 $\frac{I(F_i;F_j;C)}{H(C)}\in[-1,1]$,这是因为 $0\leqslant S_{i,j}\leqslant 1$ 和 $0\leqslant\frac{H(C|F_i)+H(C|F_j)}{2H(C)}\leqslant 1$。当 $I(F_i;F_j;C)=I(F_i;F_j)-I(F_i;F_j|C)<0$ 时,F_i 和 F_j 不能被认为是冗余的。然而,$S_{i,j}\in[0,1]$可用于测量成对特征 F_i 和 F_j 之间的冗余度,这是因为 $S_{i,j}$ 是非负的。

4.4.2 最大相关性最小监督冗余准则

定理 4.1 和定理 4.2 表示 $S_{i,j}$ 可以更精确地衡量特征之间的冗余,也就是说它们提高了特征子集的辨别能力。假设我们选择了一个含有 $k-1$ 个元素的特征子集 $F=\{F_1,\cdots,F_{k-1}\}$。候选特征 F_k 和特征子集 F 之间的监督相似性可以通过 $\sum_{F_l\in F}S_{l,k}$ 计算。

特征选择的目的是选择相关特征子集$\{F_1,\cdots,F_k\}$来最大化 $I(F_1,\cdots,F_k;C)$,这可以通过最小化监督相似度的总和来获得 $\sum_{F_l\in F}S_{l,k}$。

引理 4.1 对于一个已经选择 $k-1$ 个相关特征的子集 $F=\{F_1,\cdots,F_k\}$,$\bar{F}=F\cup\{F_k\}$以及 $\hat{F}_i=\bar{F}-\{F_i\}$。可得 $I(F_i;C|\hat{F}_i)=I(\bar{F};C)-I(\hat{F}_i;C)$。

证明 4.4 $\bar{F}=\hat{F}_i\cup\{F_i\}$意味着 $\hat{F}_i\subset\bar{F}$,$F_i\in\bar{F}$ 以及 $H(\bar{F})=H(F_i,\hat{F}_i)$。

$$\begin{aligned}I(F_i,\hat{F}_i;C)&=H(F_i,\hat{F}_i)-H(F_i,\hat{F}_i|C)\\&=H(\bar{F})-H(\bar{F}|C)=I(\bar{F};C).\end{aligned}\tag{4.9}$$

根据互信息链式准则,可得

$$I(F_i,\hat{F}_i;C)=I(\hat{F}_i;C)+I(F_i;C|\hat{F}_i),$$

意味着

$$I(\hat{F}_i;C)=I(F_i,\hat{F}_i;C)-I(F_i;C|\hat{F}_i). \tag{4.10}$$

结合等式(4.9)和(4.10),可得 $I(F_i;C|\hat{F}_i)=I(\bar{F};C)-I(\hat{F}_i;C)$。

定理 4.3 假设 $F=\{F_1,\cdots,F_k\}$是一个已选择 $k-1$ 个相关特征的集合。令 $\overline{F}=F\cup\{F_k\}$,$\hat{F}_i=\bar{F}-\{F_i\}$和 $\hat{F}_l=\bar{F}-\{F_l\}$($l\neq k$ 和 $l\neq i$)。可得 $\sum_{F_l\in F}S_{l,k}$ 是$k-\frac{I(\bar{F};C)}{H(C)}$的一个宽松的下界。

证明 4.5 根据引理 4.1,对于 $\forall F_i\in\bar{F}$ 存在 $I(F_i;C|\hat{F}_i)=I(\bar{F};C)-I(\hat{F}_i;C)$。因此,$\sum_{F_i\in\bar{F}}I(F_i;C|\hat{F}_i)=k\times I(\bar{F};C)-\sum_{F_i\in\bar{F}}I(\hat{F}_i;C)$,即

$$\begin{aligned}I(\bar{F};C)&=\frac{1}{k}\sum_{F_i\in\bar{F}}(I(F_i;C|\hat{F}_i)+I(\hat{F}_i;C))\\&=\frac{1}{k}\sum_{F_i\in\bar{F}}(H(C|\hat{F}_i)-H(C|\bar{F})+H(C)-H(C|\hat{F}_i)).\end{aligned}$$

实际上 $H(C|\bar{F})\leqslant H(C|\hat{F}_i)\leqslant H(C|F_k)+H(C|F_i)$意味着 $I(\bar{F};C)\leqslant\frac{1}{k}\sum_{F_i\in\bar{F}}(H(C|F_k)+H(C|F_i)-2H(C|\bar{F})+H(C))$。进一步地,$H(C|\bar{F})=H(C|F_i,F_k)-I(C;\bar{F}-\{F_i,F_k\}|F_i,F_k)$,其中

$$\begin{aligned}I(C;\bar{F}-\{F_i,F_k\}|F_i,F_k)&=H(C|F_i,F_k)-H(C|\bar{F})\\&=H(F_i,F_k,C)-H(F_i,F_k)-(H(\bar{F},C)-H(\bar{F}))\\&=H(\bar{F})-H(F_i,F_k)+H(F_i,F_k,C)-H(\bar{F},C)\end{aligned}$$

和 $H(F_i,F_k,C)\leqslant H(\bar{F},C)$。我们可得到 $H(C|\bar{F})>H(C|F_i,F_k)+H(F_i,F_k)-H(\bar{F})$。因此,

$$
\begin{aligned}
I(\bar{F};C) \leqslant & \frac{1}{k}\sum_{F_i\in\bar{F}}(H(C\mid F_k)+H(C\mid F_i)-2(H(C\mid F_i,F_k) \\
& +H(F_i,F_k)-H(\bar{F}))+H(C)) \\
= & \frac{1}{k}\sum_{F_i\in\bar{F}}(I(F_i;C\mid F_k)+I(F_k;C\mid F_i)+2H(\bar{F}) \\
& -2H(F_i,F_k)+H(C)) \\
= & \frac{1}{k}\sum_{F_l\in F}(I(F_l;C\mid F_k)+I(F_k;C\mid F_l)+2H(\bar{F}-\{F_l\})) \\
& +2H(F)+H(C) \\
= & \frac{1}{k}\sum_{F_l\in F}(I(F_l;C\mid F_k)+I(F_k;C\mid F_l))+\frac{1}{k}\sum_{F_l\in F}2H(\dot{F}_l) \\
& +2H(F)+H(C).
\end{aligned}
$$

不难获得 $\frac{I(\bar{F}_i;C)}{H(C)} \leqslant \frac{2}{k}\sum_{F_l\in F}\left(\frac{I(F_l;C\mid F_k)+I(F_k;C\mid F_l)}{2H(C)}\right)+\frac{2}{k}\sum_{F_l\in F}\frac{H(\dot{F}_l)}{H(C)}+\frac{2H(F)}{kH(C)}+1=\frac{2}{k}\left(\sum_{F_l\in F}\varphi_{l,k}+\sum_{F_l\in F}\frac{H(\dot{F}_l)}{H(C)}+\frac{H(F)}{H(C)}\right)+1$。在特征选择的过程中，$\sum_{F_l\in F}\frac{H(\dot{F}_l)}{H(C)}+\frac{H(F)}{H(C)}$ 是关于 F_k 的一个常数，在高维数据中通常满足 $k\geqslant 2$。因此，$\sum_{F_l\in F}\varphi_{l,k}$ 是 $\frac{I(\bar{F};C)}{H(C)}-1$ 的一个宽松的上界，即 $\frac{I(\bar{F};C)}{H(C)}-1<\sum_{F_l\in F}\varphi_{l,k}$。然后，$(k-1)+1-\frac{I(\bar{F};C)}{H(C)}>\sum_{F_l\in F}(1-\varphi_{l,k})=\sum_{F_l\in F}S_{l,k}$。因此，$\sum_{F_l\in F}S_{l,k}$ 是 $k-\frac{I(\bar{F};C)}{H(C)}$ 的一个宽松的下界。

定理 4.3 表明候选特征 F_l 相对于所选特征子集的监督相似度之和是 k 与目标特征的总分类信息之间的差的宽松下限特征子集。换句话说，最小化 F_k 与所选特征子集 F 之间的监督相似度总和有助于提高整体分类性能 $I(\bar{F};C)$。

在一般特征相关性最大化和特征冗余最小化评估标准框架方面，我们提出了基于监督的 MRMSR(最大相关性和最小监督冗余)准则。

准则 4.1 假设 $F=\{F_1,\cdots,F_k\}$是一个已选择 $k-1$ 个相关特征的子集。通过 MRMSR 准则来评估的特征 F_k 的性能被定义如下：

$$J(F_k)=R(F_k;C)-\frac{1}{k-1}\sum_{F_l\in F}S_{l,k}. \tag{4.11}$$

此外，根据定义 4.1 和 4.4，存在 $J(F_k)=\frac{I(F_k;C)}{H(C)}-\frac{1}{k-1}\sum_{F_l\in F}\left(1-\frac{I(F_l;C\mid F_k)+I(F_k;C\mid F_l)}{2H(C)}\right)$，$J(F_k)$的值越大表示特征 F_k 的分类性能越好。换句话说，MRMSR 是为了最大化 $J(F_k)$，即

$$\max\left\{\frac{I(F_k;C)}{H(C)}-\frac{1}{k-1}\sum_{F_l\in F}\left(1-\frac{I(F_l;C\mid F_k)+I(F_k;C\mid F_l)}{2H(C)}\right)\right\}. \tag{4.12}$$

$\frac{I(F_k;C)}{H(C)}$表示特征相关性（最大化），第二项表示特征之间的监督相似性度量（为了最小化，选择与 F 具有最小相关性的特征）。进一步地，$J(F_k)=\frac{I(F_k;C)}{H(C)}+\frac{1}{k-1}\sum_{F_l\in F}\frac{I(F_l;C\mid F_k)+I(F_k;C\mid F_l)}{2H(C)}-1$ 包括特征 F_k 的新分类信息以及所选特征 F 保留的分类信息。因此，目标 $\max\{J(F_k)\}$等价于 $\max\left\{\frac{I(F_k;C)}{H(C)}+\sum_{F_l\in F}\frac{I(F_l;C\mid F_k)+I(F_k;C\mid F_l)}{2(k-1)H(C)}\right\}$，这意味着 MRMSR 同时考虑新的分类信息和特征冗余。

定理 4.4 $-1\leqslant J(F_k)\leqslant 1$。

证明 4.6 因为 $0\leqslant R(F_k;C)=\frac{I(F_k;C)}{H(C)}\leqslant 1$ 和 $0\leqslant S_{l,k}\leqslant 1$，$0\leqslant\frac{1}{k-1}\sum_{F_l\in F}S_{l,k}\leqslant\frac{1}{k-1}\times(k-1)=1$。因此，$-1\leqslant J(F_k)=R(F_k;C)-\frac{1}{k-1}\sum_{F_l\in F}S_{l,k}\leqslant 1$。

定理 4.4 意味着 MRMSR 的值限制 $J(F_k)$在$[-1,1]$范围，趋于 1 的较高的值表示将选择具有较高分类性能的高度相关的特征。定理 4.4 还证明了 MRMSR 平衡了特征的冗余性和相关性，因为 $\frac{1}{k-1}\sum_{F_l\in F}S_{l,k}$ 和 $R(F_k;C)$都在

[0,1]范围内。$\frac{1}{k-1}\sum_{F_l \in F} S_{l,k}$ 表示平均冗余度，其不随着 k 增加而剧烈变化。此外，MRMSR 避免选择低冗余和弱相关的特征，这证明本章所提特征选择算法优于现有的其他算法。

定理 4.5 假设 $F=\{F_1,\cdots,F_k\}$ 是一个已选择 $k-1$ 个相关特征的子集以及 $\bar{F}=F\cup\{F_k\}$。MRMSR 有利于最大化特征子集 $\bar{F}$ 的总体分类性能 $I(\bar{F};C)$。

证明 4.7 对于 $\forall F_l\in\bar{F}$，$H(C|\bar{F})\leqslant H(C|F_l)$，即 $H(C)-H(C|\bar{F})\geqslant H(C)-H(C|F_l)$。此外，$H(C)-H(C\mid\bar{F})=I(\bar{F};C)\geqslant\frac{1}{k}\sum_{F_l\in\bar{F}}I(F_l;C)=\frac{1}{k}\left(\sum_{F_l\in F}I(F_l;C)+I(F_k;C)\right)$，基于此，我们可得 $\frac{I(\bar{F};C)}{H(C)}\geqslant\frac{1}{k}\left(\sum_{F_l\in F}\frac{I(F_l;C)}{H(C)}+\frac{I(F_k;C)}{H(C)}\right)$。因此，$\frac{1}{k}\left(\sum_{F_l\in F}\frac{I(F_l;C)}{H(C)}+\frac{I(F_k;C)}{H(C)}\right)$ 是 $\frac{I(\bar{F};C)}{H(C)}$ 的一个下界。因为 $\sum_{F_l\in F}\frac{I(F_l;C)}{H(C)}$ 和 $H(C)$ 在特征选择过程中可以视为常数，最大化 $I(\bar{F};C)$ 等价于最大化 $\frac{I(F_k;C)}{H(C)}$ 或者最大化 $\frac{I(\bar{F};C)}{H(C)}$ 的下界。

根据定理 4.3，$k-\frac{I(\bar{F};C)}{H(C)}>\sum_{F_l\in F}S_{l,k}\geqslant\frac{1}{k-1}\sum_{F_l\in F}S_{l,k}$ 意味着 $k-\frac{1}{k-1}\sum_{F_l\in F}S_{l,k}>\frac{I(\bar{F};C)}{H(C)}$，即 $k-\frac{1}{k-1}\sum_{F_l\in F}S_{l,k}$ 是 $\frac{I(\bar{F};C)}{H(C)}$ 的一个宽松的上界。因此，最小化 F_k 和已选择特征集 F 之间的平均监督相似度 $\frac{1}{k-1}\sum_{F_l\in F}S_{l,k}$ 有利于最大化 F 的总体分类性能 $I(\bar{F};C)$。换句话说，MRMSR 有助于最大化总体分类性能 $I(\bar{F};C)$。

定理 4.6 通过最大化 $I(\bar{F};C)$ 能够使得最小化贝叶斯误差 $P(e)$。

证明 4.8 贝叶斯误差的概率在特征分类中至关重要。根据文献[209]，概率分布函数 $p(\bar{F}/C)$ 的詹森－香农(JS)散度与贝叶斯误差 $P(e)$ 之间的关联关系满足：

$$\frac{1}{4(N-1)}(H(C)-JS[p(\bar{F}/C)])^2 \leqslant P(e) \leqslant \frac{1}{2}(H(C)-JS[p(\bar{F}/C)]).$$

$JS[p(\bar{F}/C)]$为 $p(\bar{F}/C)$的 JS－散度，其可以被定义为 $JS[p(\bar{F}/C)] = H(\sum_{i=1}^{N} p(y_i)p(x_{(i)}/y_i)) - \sum_{i=1}^{N} p(y_i)H(p(x_{(i)}/y_i)) = H(\bar{F}) - H(\bar{F}/C) = I(\bar{F};C)$ 。因此，

$$\frac{(H(C)-I(\bar{F};C))^2}{4(N-1)} \leqslant P(e) \leqslant \frac{1}{2}(H(C)-I(\bar{F};C)).$$

由于 $I(\bar{F};C) \leqslant H(C)$和 $H(C)$可以被视为常数，最小化 $P(e)$等价于最大化 $I(\bar{F};C)$。

较高的 $I(\bar{F};C)$表示贝叶斯误差更小、更紧密，贝叶斯误差间隔更小，这更有利于提高分类精度。定理 4.5 和 4.6 表明 MRMSR 最大化了 $I(\bar{F};C)$并最小化了贝叶斯误差 $P(e)$，这导致所选特征子集与类标签 C 高度相关。

4.5 算法设计

式(4.12)说明了用于特征子集选择的 MRMSR 标准主要取决于两个方面：每个特征的相关性以及候选特征 F_k 与选定特征的现有子集 F 之间的监督相似性。我们提出一种特征选择(Feature Selection，FS)算法，以使用其来选择 p 个候选对象中的 k 个特征来构建特征集 $\bar{F}$。首先设 $\bar{F}$ 为空集，$\bar{F}$ 中的特征由贪婪策略逐步选择：通过使用 MRMSR 准则来选择第 $i^{th}(i=2,\cdots,k)$个特征 F_i，得分最高的特征被依次添加到 $\bar{F}$ 中，一直到选择 k 个特征为止。FS 算法的详细描述可见如下的算法 7。

算法 7:特征选择算法(FS)

输入:特征集 $F=\{F_1,\cdots,F_p\}$，类标签集 $C=\{y_1,\cdots,y_N\}$，选择特征的数目 k .

输出:选择特征的集合 $\overline{F}$.

1 $\overline{F} \leftarrow \varnothing$;

2 $m \leftarrow 0$;

3 通过等式(4.1)计算 $H(C)$;

4 for $\underline{i=1 \text{ to } p}$ do

5 通过等式(4.2)计算 $I(F_i;C)$;

6 $R(F_i,C) \leftarrow \dfrac{I(F_i;C)}{H(C)}$;

7 while $\underline{(m<k)}$ do

8 if $\underline{m==0}$ then

9 通过 $F_l \leftarrow \arg\max_{F_i \in F}\{R(F_i,C)\}$ 选择第一个特征;

10 $m=m+1$;

11 $\overline{\mathrm{F}} \leftarrow \overline{\mathrm{F}} \cup \{F_l\}$;

12 $F \leftarrow F \setminus \{F_l\}$;

13 foreach $\underline{F_i \in F}$ do

14 使用等式(4.3)来计算 $I(F_l;C\mid F_i)$ 和 $I(F_i;C\mid F_l)$;

15 $S_{l,i} \leftarrow 1-\dfrac{I(F_l;C\mid F_i)+I(F_i;C\mid F_l)}{2H(C)}$;

16 $T_i \leftarrow T_i+S_{l,i}$;

17 $J(F_i) \leftarrow R(F_i,C)-\dfrac{1}{|\overline{\mathrm{F}}|}T_i$;

18 通过计算 $F_l \leftarrow \arg\max_{F_i \in F}\{J(F_i)\}$ 从 F 中选择 F_l;

19 $\overline{\mathrm{F}} \leftarrow \overline{\mathrm{F}} \cup \{F_l\}$;

20 $F \leftarrow F \setminus \{F_l\}$;

21 $m=m+1$;

22 $\overline{F} \leftarrow \{F_1,F_2,\cdots,F_k\}$;

23 return $\overline{F}$.

算法 7 是一个贪婪的迭代最大化策略。计算复杂度包含两个方面:计算类别相关性的互信息值 $R(F_i,C)$ 和候选特征和选择特征之间的监督相似性度量

$S_{l,i}$。第 1—6 行的计算复杂度为 $O(p)$，其中 p 为所有特征数目。目标集 $\bar{F}$ 是逐步构建的。在每个步骤中使用所提的评估标准选择得分最高的特征。第 7—21 行的计算复杂度为 $O(k*p)$，其中 k 为所选特征的数目。因此，增量搜索算法 FS 的总体计算复杂度为 $O(k*p)$。注意 $k=1$ 表示仅选择一个特征，其复杂度为 $O(p)$。

4.6 实验结果

为了评估所提 MRMSR 方法的性能，我们将其与其他几种基于信息论的具有代表性的特征选择方法进行比较，例如 MIFS（互信息特征选择）[209]，JMI（联合互信息）[202]，CMIM（条件互信息最大化）[205]，mRMR（最大相关最小冗余）[7]，最大化独立分类信息（MRI）[183] 以及 JMIM（联合互信息最大化）[207]。MIFS，JMI，CMIM，mRMR 为四种经典的特征选择方法，以及两种致力于最小冗余的算法：MIFS 和 mRMR，另外两种 MRI 和 JMIM 为两种较新的方法。所有方法都在 9 个经常研究的基准数据集上进行比较：Colon，Leukemia，Lymphoma，AR10P，PIE10P，COIL20，Lung，Prostate—GE，以及 GLIOMA 都总结在表格 4.1 中。这些数据集包含离散和连续的而且已被广泛应用于各个领域，例如图像处理和生物微阵列数据分类，其中既包括二分类又包括多分类。

表 4.1　实验中使用的基准数据

Dataset	Features	Samples	Classes	Types	Domain
Colon	2000	62	2	discrete	Microarray, Bio
Leukemia	7070	72	2	discrete	Microarray, Bio
Lymphoma	4026	96	9	discrete	Microarray, Bio
AR10P	2400	130	10	continuous	Image, Face
PIE10P	2420	210	10	continuous	Image, Face
COIL20	1024	1440	20	continuous	Image, Face
Lung	3312	203	5	continuous	Microarray,Bio
Prostate—GE	5966	102	2	continuous	Microarray,Bio
GLIOMA	4434	50	4	continuous	Microarray,Bio

在本章中，评估不同方法性能指标为表示熵 (Representation Entropy)[210]和 Fisher 分数 (Score)[211]，以及三个分类器的精度（支持向量机 (SVM)[212]，朴素贝叶斯 (NB)[213]以及 1-近邻准则 (1-NN)[213]）。所有七个方法均在 Windows 系统的 Python 2.7.13 中实现。实验是使用 Intel(R) Core(TM) i5-6500 CPU @ 3.20 GHz 计算机（具有 8.00 GBytes 的主 RAM 内存）在 Windows Server 2010 标准上运行的。

4.6.1 选择特征的性能

我们使用 10 折交叉验证方法来充分利用数据并获得稳定的结果。所选特征子集的大小范围为 5 到 50，步长为 1，即每个数据集上的每种特征选择方法都选择了 46 组特征子集进行比较。针对每个数据集一共有 46 × 10 组特征集用来测试特征选择方法。对于每种特征选择算法来说，可获得 46 × 10 组测试的结果。

为了根据它们的区分信息和类别可分离性来评估所选特征子集的性能，我们采用了现有的两种特征评估指标：表示熵[210]和 Fisher 分数[211]。假设选择了 d 个特征，输入矩阵 $X \in R^{N \times p}$ 被降维为 $\hat{X} \in R^{N \times d}$。令具有 d 个特征的 $d \times d$ 维协变量矩阵的特征值为 $\lambda_j (j=1,\cdots,d)$。$\tilde{\lambda}_j = \frac{\lambda_j}{\sum_{j=1}^{d} \lambda_j}$，显然地，$0 \leqslant \tilde{\lambda}_j \leqslant 1$，$\sum_{j=1}^{d} \tilde{\lambda} = 1$。那么表示熵[210]被定义为：

$$H_R = -\sum_{j=1}^{d} \tilde{\lambda}_j \log \tilde{\lambda}_j . \tag{4.13}$$

表 4.2　七种特征选择方法在不同数据集上选择的特征子集的区分信息和类别可分离性

Index	Dataset	MIFS	JMI	CMIM	mRMR	MRI	JMIM	MRMSR
ARE	Colon	3.83	2.98	3.28	3.23	3.02	2.93	2.70
	Leukemia	3.48	2.80	3.11	2.82	2.95	2.69	2.68
	Lymphoma	4.15	3.14	3.58	3.18	3.04	3.20	2.67
	AR10P	2.09	3.18	2.39	2.53	2.43	2.16	2.29
	PIE10P	2.38	2.59	2.44	2.26	2.34	1.95	1.89
	COIL20	2.32	3.13	2.26	2.34	3.29	2.69	2.31
	Lung	3.86	3.47	3.51	3.53	3.46	3.42	3.36
	Prostate-GE	3.04	2.18	2.60	2.85	2.20	2.19	2.16
	GLIOMA	3.48	3.10	3.34	3.30	3.15	2.85	2.92
	Average(D)	3.82	2.97	3.33	3.08	3.00	2.94	2.68
	Average(C)	2.86	2.94	2.76	2.80	2.81	2.54	2.49
	Average	3.18	2.95	2.95	2.89	2.88	2.68	2.55
AFS	Colon	0.91	1.58	1.06	1.73	1.63	1.75	2.09
	Leukemia	1.76	6.21	5.70	5.89	6.27	6.48	6.81
	Lymphoma	10.69	23.03	18.52	23.13	19.15	22.22	24.60
	AR10P	3.76	11.90	11.66	13.36	14.88	15.30	15.55
	PIE10P	11.05	7.16	7.39	11.91	10.97	8.06	11.59
	COIL20	40.52	15.63	16.74	33.46	25.01	27.36	29.50
	Lung	1.66	2.79	2.65	3.23	2.54	2.81	3.26
	Prostate-GE	0.53	3.07	1.83	2.40	2.69	3.17	3.16
	GLIOMA	2.83	11.72	7.62	6.57	7.26	13.89	16.91
	Average(D)	4.45	10.27	8.43	10.25	9.02	10.15	11.17
	Average(C)	10.06	8.71	7.98	11.82	10.56	11.77	13.33
	Average	8.19	9.23	8.13	11.30	10.04	11.23	12.61

当除一个特征值以外的所有特征值均为零时，函数 H_R 将获得最小值 0(最小不确定性)。当只有一个特征值具有非零值时，表示所有信息都包含在该主坐标方向上。另一方面，如果所有特征值相等，则我们可得 H_R 函数的最大值。这表明最大不确定性，因为信息沿所有主要方向均匀分布。表示熵 H_R 通过降维来度量信息压缩的可能性。这等同于该数据集的特定表示形式中存在的冗余量。较低的 H_R 意味着所选特征之间的冗余较低，因此期望较低的 H_R。

由于 Fisher 分数可以选择最重要的特征进行区分，因此它更适合于测量所选特征的类别可分离性。令 n_i 为缩小数据空间 $\hat{X} \in R^{N \times d}$ 中 i^{th} 类的大小，μ_i^r 和 σ_i^r 为第 i^{th} 类对应第 r^{th} 个的特征的均值和标准偏差，μ 和 σ^2 表示第 r^{th} 个特征对应于的整个数据集的均值和方差。第 r^{th} 个特征的 Fisher[211] 分数可通过下式计算：

$$Fs(r) = \frac{\sum_{i=1}^{K} n_i (\mu_i^r - \mu^r)^2}{(\sigma^r)^2}, \tag{4.14}$$

其中 $(\sigma^r)^2 = \sum_{i=1}^{K} n_i (\sigma_i^r)^2$。通过这种方式，可以获得每个选定特征子集的 Fisher 分数。所选特征子集的较高 Fisher 分数表示所选特征子集的类可分离性更好。

针对特征选择的每种算法在每个数据集上的结果，我们可得 46 组表示熵和 Fisher 分数的 10 折交叉值。表 4.2 中还报告了七种方法在不同数据集中选择的特征子集的性能，最后一行给出所有 9 个数据集的平均表示熵和平均 Fisher 分数，包含离散数据（D）和连续数据（C）上获得的平均表示熵和平均 Fisher 分数。表 4.2 中显示了每个数据集上七个方法在 46 个选定特征子集上的平均表示熵（ARE），它表示选定特征子集的判别信息。MRMSR 在大多数数据集上均优于其他六种方法，并且在所有基准数据集（包含离散数据（D）和连续数据（C））上均实现了最小的平均表示熵。这种现象表明，就所有方法中的区别信息而言，MRMSR 所选特征子集的区分信息性最好。

Fisher 分数已频繁应用于有监督的特征选择。采用 Fisher 分数通过 7 种特征选择方法评估所选特征的重要性。每个数据集上 46 个选定特征子集组中的七种方法的平均 Fisher 分数（AFS）评估了选定特征子集的类可分离性。表格 4.2 表示在所有 9 个数据集上对比的 7 种方法中，MRMSR 选择的特征均具有最高的平均 Fisher 分数。这意味着 MRMSR 选择的特征子集的类可分离性性能高于其他六个方法。

从表 4.2 还可获得一些现有的特征选择方法在一个评估指标上表现更好，但在另一个评估指标上可能不够好。例如，与 mRMR 和 MRMSR 相比，JMIM 在区分性信息方面优越，但在类可分离性方面较差。但是，本章所提的 MRMR 在所有两个指标上均获得了优异的结果。

为了检验七种特征选择方法之间的差异是否具有统计显著性，本章使用多因素方差分析（ANOVA）技术来分析实验的结果。其中在变量分析过程中，三个主要假设（残差的独立性，因子水平方差的均方差或均质性以及模型残差的正态性）均已被检测并接受。Tukey HSD 检验在 95%置信区间内的不同基准数据的均方图展示在图 4.2 和图 4.3 中。

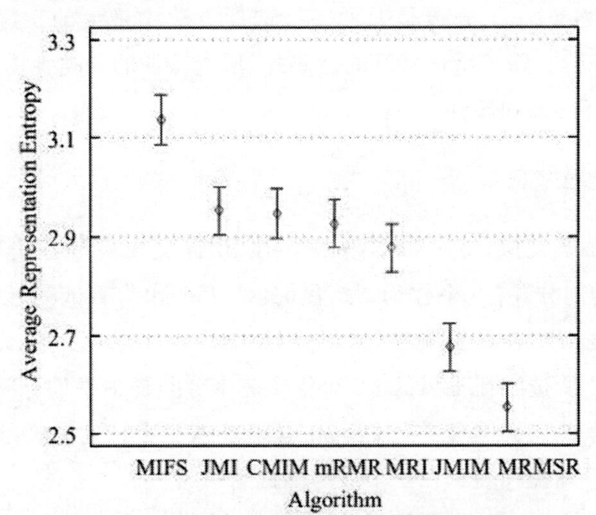

图 4.2　Tukey HSD 检验在 95% 置信区间内的不同基准数据的平均表达熵均方图（纵坐标值越低越好）

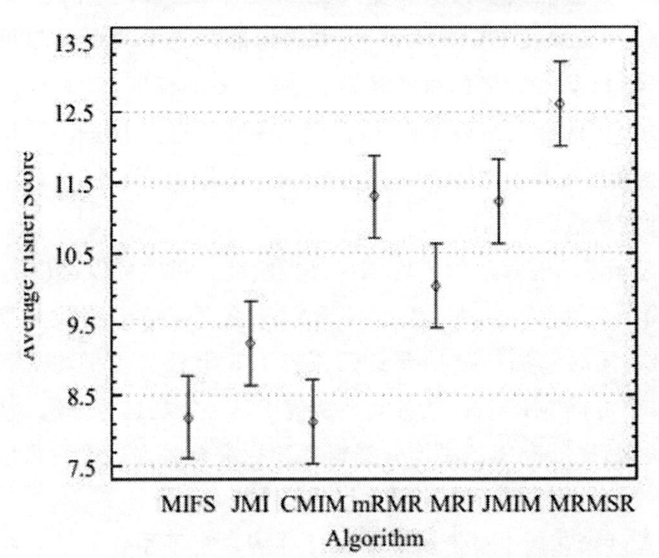

图 4.3　Tukey HSD 检验在 95% 置信区间内的不同基准数据的平均 Fisher 分数均方图（纵坐标值越高越好）

重叠的置信区间表示统计意义不明显。从图 4.2 和图 4.3 中可以观察到 MRMSR 与其他六种方法相比的差异具有统计学意义。图 4.2 表明在七种特征选择方法中，所提出的 MRMSR 的平均表示熵最小，图 4.3 证明了所提出的 MRMSR 的平均 Fisher 分数是七种特征选择方法中最大的。这些结果与表 4.2 中的结果一致。除了所选特征的性能外，所选特征的分类性能也很重要，将在下一节中进行测试和验证。

4.6.2 分类性能分析

与第 4.6.1 节类似，每个数据集都采用 10 折交叉验证方法来计算分类。对于每 10 折的划分，将 9 个作为训练集，其余 1 个作为测试集，以评估分类精度。所有特征选择方法的分类性能评估框架如图 4.4 所示。表 4.3，表 4.4 和表 4.5 中显示了所选特征子集的 46 个组中三个分类器的平均分类精度以及这些精度的标准偏差。标准偏差越低意味着精度越稳定。七种特征选择方法的所有数据集的平均指标展示在三个表格的最后一行。

表格 4.3 给出了七种方法的平均 SVM 分类精度，从中我们可以观察到，所提的 MRMSR 方法在大多数数据集（Colon，Leukemia，Lymphoma，AR10P，Lung，Prostate-GE 以及 GLIOMA）上均达到最高的平均分类精度。尽管在 PIE10P 数据集上 MRMSR 的精度略低于 mRMR 的精度，但 MRMSR 的标准偏差小于 mRMR 的标准偏差。此外，在这七种特征选择方法中，MRMSR 的平均 SVM 分类精度最高。MRMSR 具有最小的平均标准偏差，这意味着 MRMSR 的分类性能是最稳定的。

表 4.4 显示了所有算法的平均 NB 分类精度。我们可以得出结论，MRMSR 的性能优于其他六种方法。例如，MRMSR 的平均 NB 分类精度值远高于其他六种方法，同时它的标准偏差最低。表 4.5 中报告了平均 1-NN 分类精度，从表 4.5 中可得 MRMSR 的分类性能优于其他特征选择方法。与 SVM 和 NB 分类器类似，MRMSR 的平均分类精度和标准偏差在这七种方法中是最好的。

ANOVA 技术还用于分类结果的统计分析。图 4.5 显示了 9 个数据集上 Tukey HSD 检验在 95% 置信区间内的七种测试特征选择方法的均值图。我们可以观察到，与其他方法相比，MRMSR 的差异具有统计学意义。七个特征选择方法在所有基准数据集上的结果中,使用三个分类器（SVM,NB 和 1-NN）测试结果,MRMSR 的平均分类精度最高。

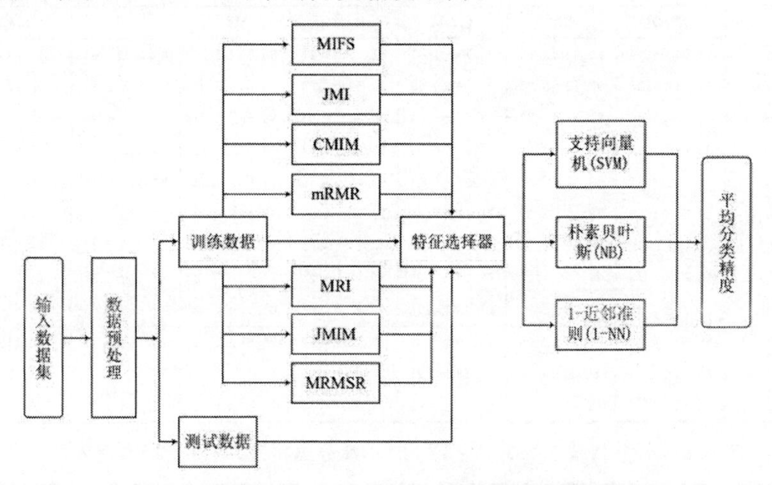

图 4.4　特征选择方法的分类性能评估框架

表 4.3　七个特征选择方法的平均 SVM 分类精度（均值 ± 标准偏差 %）

Dataset	Algorithm						
	MIFS	JMI	CMIM	mRMR	MRI	JMIM	MRMSR
Colon	77.57±3.25	76.91±3.12	74.33±2.90	75.56±4.35	73.95±6.51	76.77±3.53	76.77±3.53
Leukemia	94.86±1.27	94.77±1.33	92.35±0.93	93.78±1.30	94.69±1.16	94.29±1.25	95.55±0.86
Lymphoma	75.42±3.57	79.07±3.22	77.30±4.51	79.56±6.05	83.22±4.41	77.01±4.50	83.82±4.79
AR10P	36.92±12.44	64.31±16.11	57.68±14.63	63.46±14.87	58.09±16.99	57.91±15.05	64.40±13.67
PIE10P	79.34±16.46	88.66±17.05	87.98±16.61	88.76±14.06	80.98±18.18	87.38±15.56	87.50±13.24
COIL20	63.57±7.72	72.32±6.44	72.62±8.14	75.55±12.92	75.57±10.78	73.13±7.41	74.70±9.25
Lung	82.70±4.26	87.00±5.48	83.11±5.77	88.12±3.04	85.89±4.17	83.41±5.43	89.30±4.49
Prostate－GE	74.06±5.08	85.77±6.53	77.71±3.80	82.39±5.19	82.59±3.90	79.88±5.24	87.85±6.38
GLIOMA	34.96±6.38	42.43±3.20	34.39±3.14	46.35±5.61	46.87±3.00	49.65±4.99	51.22±3.76
Average(D)	82.62±2.70	83.58±2.56	81.33±2.78	82.97±3.90	83.95±4.03	82.69±3.09	86.04±3.13
Average(C)	61.93±8.72	73.42±9.14	68.92±8.68	74.11±9.28	71.67±9.50	71.89±8.95	75.83±8.47
Average	73.05±6.71	76.80±6.94	73.05±6.71	77.06±7.49	75.76±7.68	75.49±7.00	79.23±6.69

表 4.4　七个特征选择方法的平均 NB 分类精度 (均值 ± 标准偏差%)

Dataset	Algorithm						
	MIFS	JMI	CMIM	mRMR	MRI	JMIM	MRMSR
Colon	58.08±5.14	83.08±1.68	85.13±1.69	81.15±2.12	84.13±2.24	85.51±1.68	87.89±0.95
Leukemia	78.73±5.85	95.10±0.92	93.09±0.59	93.54±1.02	94.96±0.93	94.32±1.10	95.16±1.07
Lymphoma	62.99±2.21	61.32±4.27	56.99±5.74	59.60±6.83	56.58±2.81	55.77±4.96	63.28±5.73
AR10P	33.03±3.23	59.43±6.03	30.80±6.86	53.01±4.54	60.03±9.12	59.87±4.47	62.94±4.53
PIE10P	68.23±3.98	70.87±7.25	67.94±9.21	80.47±7.69	72.03±9.45	72.63±8.19	76.56±5.97
COIL20	54.36±1.99	78.40±2.37	78.13±4.46	78.90±4.90	76.61±5.31	78.87±3.91	84.03±4.23
Lung	40.73±11.81	82.49±6.00	64.67±8.68	40.17±7.03	87.57±3.04	84.83±4.17	88.97±3.65
Prostate−GE	58.06±3.76	64.25±1.28	63.99±1.29	56.78±1.24	64.38±1.71	65.97±1.55	64.19±1.07
GLIOMA	37.39±5.85	62.00±6.88	61.39±4.97	36.87±4.66	61.78±2.98	59.43±3.55	66.04±5.08
Average(D)	66.60±4.40	79.83±2.29	78.40±2.67	78.10±3.32	78.56±1.99	78.53±2.58	82.11±2.58
Average(C)	48.63±5.10	69.57±4.9	61.15±5.91	57.70±5.01	70.40±5.27	70.27±4.31	73.79±4.09
Average	54.62±4.87	72.99±4.08	66.90±4.83	64.50±4.45	73.12±4.18	73.02±3.73	76.56±3.59

表 4.5　七个特征选择方法的平均 1-NN 分类精度(均值±标准偏差%)

Dataset	Algorithm						
	MIFS	JMI	CMIM	mRMR	MRI	JMIM	MRMSR
Colon	74.61±4.78	77.36±2.36	78.26±2.19	78.67±1.83	79.75±3.19	78.58±3.52	78.88±3.33
Leukemia	94.71±2.38	96.43±0.77	93.80±1.15	96.13±1.38	95.69±0.96	95.37±1.52	96.02±1.15
Lymphoma	85.25±5.05	84.56±6.23	84.44±6.62	85.13±7.51	84.90±6.13	84.12±6.66	85.44±7.55
AR10P	43.31±2.24	52.41±6.48	60.07±12.85	59.10±6.36	60.48±4.43	64.53±6.52	69.80±4.35
PIE10P	89.29±5.37	92.56±5.82	92.20±6.46	91.78±7.75	82.76±10.84	88.43±5.52	89.80±5.43
COIL20	67.46±7.48	96.57±2.43	96.32±2.26	94.41±7.10	94.39±5.09	96.24±2.80	97.62±2.74
Lung	73.85±7.49	83.11±5.46	78.58±4.27	83.99±6.17	83.15 ±5.31	83.36±5.59	86.54±5.57
Prostate−GE	64.52±1.22	76.07±4.44	66.99±3.44	83.35±4.35	75.85 ±2.40	70.26±2.06	78.09±1.55
GLIOMA	41.78±3.85	57.78±6.19	58.74±5.18	48.96±6.64	59.04 ±5.56	63.52±4.74	64.65±6.43
Average(D)	84.86±4.07	86.12±3.12	85.50± 3.32	86.64±3.57	86.78±3.43	86.02±3.90	86.78±4.01
Average(C)	63.37±4.61	76.42±5.14	75.48 ±5.74	76.93±6.40	75.95±5.61	77.72±4.54	81.08±4.35
Average	70.53±4.43	79.65±4.46	78.82±4.94	80.17±5.45	79.61±4.88	80.49±4.33	82.98±4.23

由于不同的分类器具有不同的构造原理和分类属性,因此它们在同一数据集上实现不同的分类结果。为了进一步展示综合的分类性能和将每个特征添加到相应子集中对分类精度的测试效果,在将每个特征分配给所选子集之后,进行训练和测试。所选特征子集的大小从 5 增加到 50,步长为 5。图 4.6 中显示了 9 个数据集上 SVM,NB 和 1-NN 分类器的平均分类精度。我们可以从图 4.6 看到,在所有基准数据集上,这 7 种特征选择方法在分类精度上都有不同的变化趋势。一些方法在 Colon,Leukemia,Lymphoma 和 COIL20 数据集上以较少的特征数量获得了最佳的分类精度,这意味着在很小的特征范围内就可以

达到收敛。在 Colon,AR10P,Lung 和 GLIOMA 数据集上的获得结果可知,与其他方法相比,MRMSR 获得了更高的分类精度。在 PIE10P 数据集上,MRMSR 虽然不能获得最高的分类精度,但是可以以最少的特征获得较高的精度(即 5 个或者 10 个特征)。因此,MRMSR 选择的特征比其他六种方法选择的特征具有更高的判别能力。

4.6.3 稳定性分析

所选特征取决于提供的数据集,即从不同的数据集中选择不同的特征,因此,对数据的任何更改都可能导致选择的特征不同。著名的 Kuncheva 稳定性度量[214]是典型的一致性评价指标。我们可以使用以下得公式来计算特征子集 $A \in F$ 和 $B \in F$ 之间的一致性:

$$C(A,B)=\frac{rp-k^2}{k(p-k)},\tag{4.15}$$

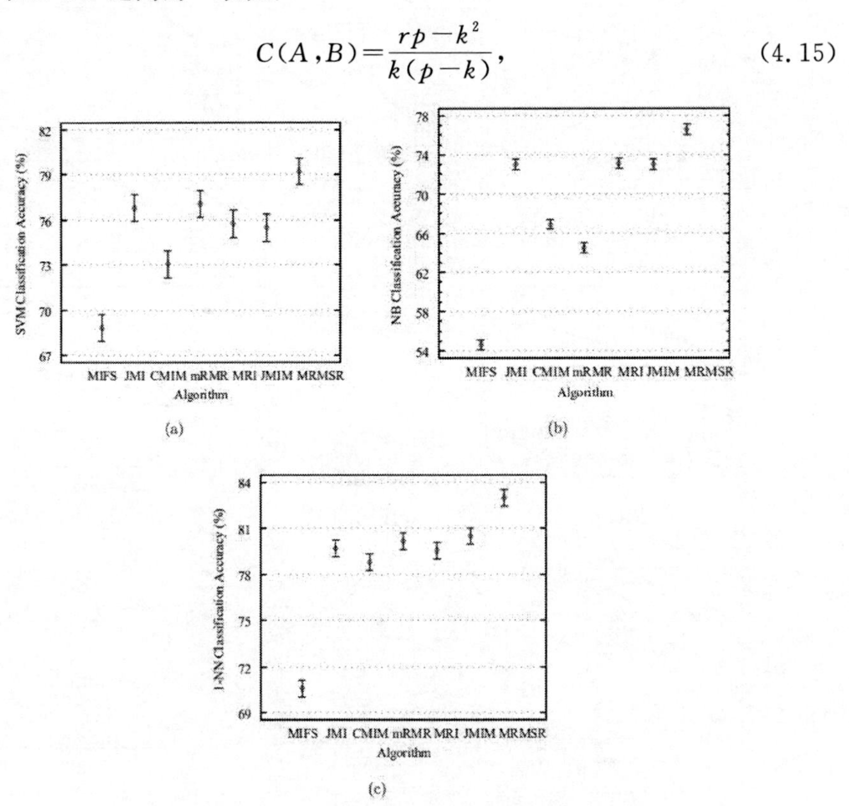

图 4.5　Tukey HSD 检验在 95% 置信区间内的七种测试特征选择方法的均值图(纵坐标值越高越好)

其中 $F=\{F_1,\cdots,F_p\}$ 表示全部特征，$k=|A,B|$，$0<k<p=|F|$ 以及 $r=|A\cap B|$ 。$-1\leqslant C(A,B)\leqslant 1$ 。(i)$C(A,B)>0$ 表示两个子集相似，(ii) $C(A,B)=0$ 表示纯随机关系，(iii) $C(A,B)<0$ 表示这两个特征集高度相关。Kuncheva 的稳定性值越高，说明所选特征集越稳定。然而，$C(A,B)$未考虑特征之间的冗余。

为了考虑特征之间的冗余性，Yu 等人[215]提出了一种称为信息一致性的方法来衡量特征选择方法的稳定性。根据子集 A 和 B 计算每个成对特征之间的权重，并构造一个加权二部图。A 子集中的第 i^{th} 个特征与子集 B 中的第 j 个特征之间的权重是对称的，可以通过如此方式获得：

$$W(A(i),B(j))=\frac{I(F_{A(i)};F_{B(j)})}{H(F_{A(i)})+H(F_{B(j)})},\tag{4.16}$$

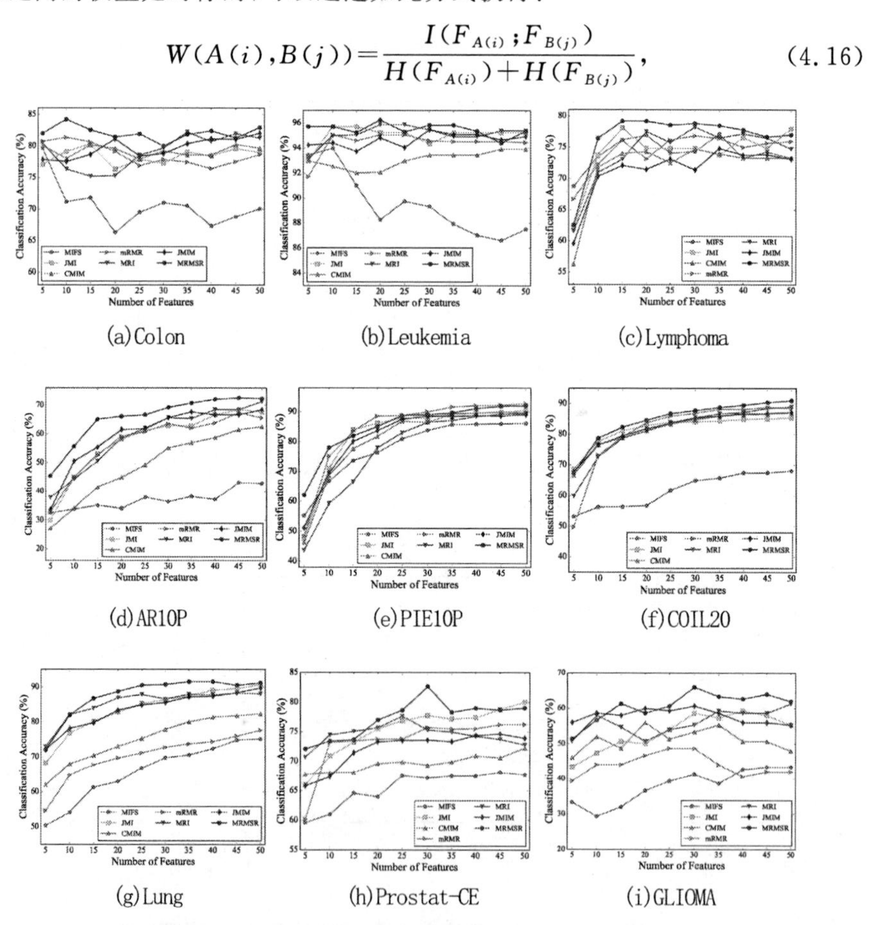

图 4.6　9 个基准数据集上的 SVM 分类器，NB 分类器和 1-NN 分类器的平均分类精度

这意味着 $0 \leqslant W(A(i), B(j)) \leqslant 0.5$。Hungarian 算法[216]可以用来匹配子集 A 和 B 之间的最大权重，其中两个特征子集之间的全局相似度是最终匹配成本。Yu 等人的信息稳定性值越高，表明所选特征集越稳定。

图 4.7 (a) 描述了所有 9 个数据集的平均 Kuncheva 稳定性测量结果。等式(4.15)用于计算每个数据集中两个选定特征子集之间的一致性。方框中的线是它们的中值，点划线表示所有数据集上 Kuncheva 稳定性的最大值/最小值。我们可以看到，MRMSR 具有比 MRI 更好的稳定性，具有比 MIFS，JMI，CMIM，mRMR 以及 JMIM 等方法更高的稳定性。

图 4.7 (b) 描述了每种方法在相同数据集上的平均信息稳定性。我们运用等式(4.16)计算每个数据集所选特征的每对子集之间的权重。如图 4.7 (b) 中的描述，在所有七种基于信息论的特征选择方法中，MRMSR 均获得最佳的信息稳定性。

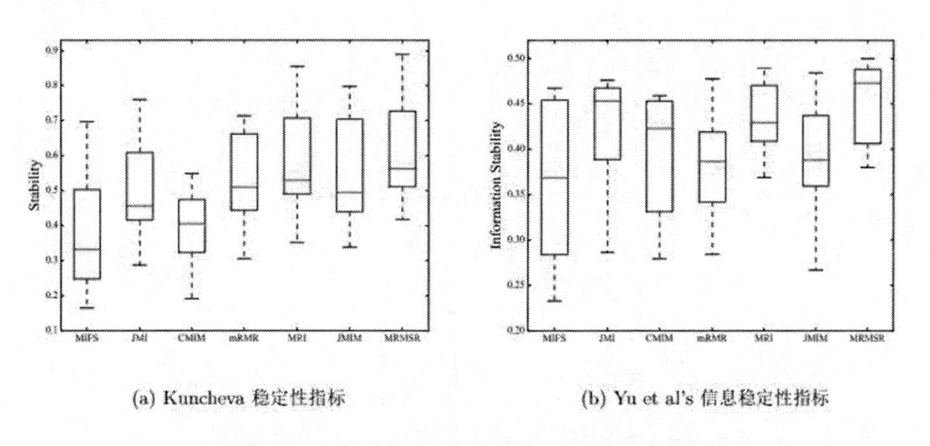

(a) Kuncheva 稳定性指标　　(b) Yu et al's 信息稳定性指标

图 4.7　所有 9 个基准数据集的两个稳定性指标

与 MRMSR 以外的其他方法相比，MRI 也具有出色的特征选择信息稳定性。

4.7 本章小结

在本章中，我们提出了一个新的特征选择方法，主要包含以下几个部分：(i) 一个标准化的特征相关性度量被用于评估特征相关性，(ii) 构造基于条件互信息的新的监督相似性度量，(iii) 提出了一个新的准则，该准则称为“最大相关度”和“最小监督冗余度”(MRMSR),(iv)提出了一个基于MRMSR的前向贪婪搜索算法的高效特征算法,以选择最佳特征子集。在九个经常研究的公共基准数据集上的实验结果表明,与其他现有的六种流行的特征选择方法相比,本章所提方法在特征选择和分类方面表现最佳。在未来的方向上,半监督特征选择的相关度量和相应方法值得进一步研究。

第 5 章　加权广义组 Lasso 及其在癌症基因选择中的应用

组 Lasso 惩罚类方法已经被成功地应用于解决二分类问题和组特征选择问题,但如若将其应用于基因芯片数据分析,就必须提前对基因进行分组,而提前分组的好坏又会严重地影响模型的性能。如何根据数据内在的生物学意义,获得具有生物可解释性的分组策略是将组 Lasso 惩罚类方法应用于高维生物数据挖掘所面临的一个挑战性问题。此外稀疏组 Lasso 能识别组内重要基因,但它对所有的基因都采用相同的惩罚系数,没有考虑被选组内基因之间的相对重要性。其组权重仅由组内基因个数构造,因此也不具有生物可解释性。本章提出了一个加权广义组 Lasso 模型,并将其应用到具有两类癌症样本的癌症数据二分类的基因选择问题中。

5.1 引言

高维生物数据挖掘是数据挖掘技术在生物信息中的应用,在高维生物数据中,基因可被视为特征或者属性,组织样本被标记为特定的种类。因此高维数据的特征选择模型和方法可以被应用到高维生物数据的基因选择中。在癌症的预防、诊断和治疗中,基于癌症类型的基因选择和预测精度对于癌症的分类至关重要。微阵列数据已被证实对许多癌症的分类问题是有效的。成功识别基因生物标记对于预测特定肿瘤样本的正确分类类型和提高预测的精度至关重要[16,163,217,218]。在癌症分类中,基因选择的最大挑战在于微阵列基因表达数据中存在大量的基因和少量的样本。从生物学观点来说,只有一小部分基因能够明显地表现出靶向性疾病。换句话说,大多数基因与癌症分类无关,这会导致噪音的产生和降低分类精度。从机器学习的角度来看,基因过多往往导致过度拟合,对分类产生负面影响。因此,具有较高预测性能的基因选择方法是诊断癌症的理想方法。

基因分组对基因选择也至关重要，一个复杂的生物学过程，例如检测肺癌或者脑癌，不仅要检测单个基因而且要检测基因自己内部具有相互作用的基因组（或者组件）。每个组件可被表示为一幅图（基因调控或者蛋白质相互作用），这些图中的相关基因是相连的。这些成组的基因是给药的潜在靶点，有助于揭示与转移相关的生物学过程。近年来，即使许多方法已经提出用来解决基于基因组的基因选择问题，但是很少方法是与生物学相关的。从生物学角度来说，一个理想的基因组包含的基因都在一个基因通路中。然而，在复杂的生物学过程中检测基因通路是困难的。在复杂的生物学过程中，生物学通路可以被映射在网络模块中[219]。功能性的基因模块可以被基因共表达方法检测出来[220]，这个方法越来越多地被用于探索基因的系统级功能。这种方法虽然能识别复杂疾病中的易感基因，但其生物学意义一直不清楚，因为基因共表达是由二元信息编码的。Zhang 等人[221] 提出了加权基因共表达网络分析法（Weighted Gene Co-expression Network Analysis，WGCNA），将基因共表达相似性度量转化为网络连接强度。WGCNA 用层次平均连锁聚类法[222]挖掘高度相关基因的模块（或簇），这种方法也可以被应用于多种生物学环境中[223,224]。因此，可以根据所识别的网络模块来识别基因通路，进而对基因进行分组。

自适应地选择重要的基因组和组内重要基因是基因选择的另一个重要的挑战。一些自适应收缩方法通过构建基于统计学的组和基因权重系数来实现自适应基因选择，这些方法依赖于癌症基因表达数据的真实值。由于基于统计学方法构造的权重不具有生物意义，因此选择的某些基因与生物学无关。此外，由于权重系数对数据集中的噪声或异常值异常敏感，可能会选择一些与癌症分类无关的基因，从而降低分类器的性能。基因组的重要性取决于基因及其相互作用。虽然互信息技术已经被应用到特征选择中，但忽略了特征之间的相互作用，导致了选择的生物标志物不稳定。一个基因组的重要性依赖于基因之间的相互作用。尽管互信息技术已被广泛应用于特征选择中[182,225−228]，然而忽略了特征之间的相互作用，从而导致所选生物标记物不稳定。联合互信息[173,207,229]已被应用于基因表达数据的基因选择，在分类准确度和稳定性方面表现出了良好的性能[184]。另一方面，由于联合互信息只依赖于随机变量的概率分布，而不依赖于其实际值，因此能更有效地评估基因和组的重要性。因此，利用联合互信息来评估基因组和基因是一种理想的方法。本章的主要贡献如下：

• 提出了一个新的加权广义组 Lasso 模型（WGGL）并将其应用于癌症分类中的基因选择问题。

• 基于权重基因共表达网络分析，提出了一种基因分组启发式方法（Gene Grouping Heuristic，GGH），其中基因组对应于基因通路。

• 提出了一种基于组内和组间联合互信息的基因和组间权重计算方法 GGWC(Gene and Group Weight Calculation，GGWC)。

• 基于 GGH 和 GGWC，提出了一种新的 WGGL 模型的求解方法。

5.2 相关工作

传统的方法能够单独地选择基因，例如二型模糊逻辑[218]、集成特征选择算法[6]、一种通用的混合自适应集成学习框架[230]、支持向量机及其扩展[16,187,231]，这些方法都能够被广泛应用于癌症分类中的基因选择问题。通过引入不同的惩罚策略，一些新的稀疏学习模型可以更有效地选择基因。通过将 L1 惩罚引入回归问题中，Lasso[27] 其拓展[50,232—234] 被广泛应用于稀疏变量选择。通过使用贝叶斯正则化，稀疏逻辑回归[235] 和稀疏多项式逻辑回归[71] 被提出。尽管这些方法已经成功地应用于癌症分类中的基因选择，但它们不能充分利用基因间的相互作用信息。

从生物学上讲，复杂的疾病，如癌症和心脏病有许多诱因，包括基因途径的突变。理想的基因选择方法应该能够剔除不重要的基因，并自动将高度相关的基因分组。组 Lasso[105] 被提出用于选择组中的高度相关的变量，而不是单个衍生变量，这使得组 Lasso 能够更准确地预测。Meier 等人[126] 将其拓展到逻辑组 Lasso 模型。尽管组 Lasso 及其扩展能够实现组间稀疏性，但它们并不能度量组内的稀疏性。后来 Simon 等人[18] 提出了稀疏组 Lasso 模型，其不仅能够产生组间稀疏性而且能产生组内稀疏性，并发展了其相应的求解算法。Fang 等人[132] 和 Vincent 等人[12] 分别提出了自适应稀疏组 Lasso 模型和多项式稀疏组 Lasso 模型。

尽管组 Lasso，稀疏组 Lasso 以及其拓展[12,18,105,126,132] 能够被广泛地应用于分类和基因选择，然而它们都高度依赖于基因分组。对于基因表达数据来说，理想的方法是能够根据基因通路来将基因分组。然而在复杂的生物学过程中，根据基因通路将基因分组是困难的。尽管稀疏组 Lasso 能够识别重要的基因组和组内重要基因，但是其将每个基因分配了相同的权重系数而忽略了基因之间相对重要性。此外，一个基因组的重要性仅仅是通过每个组中基因的数量来衡量的。正是由于这个原因，如果组大小不均，稀疏组 Lasso 可能不会很好地工作。自适应收缩方法[12,36,132]可以通过使用构建的自适应权重自适应地选择基因，这似乎解决了这些问题。例如，自适应 Lasso[36]能够使用初始估计子的倒数来惩罚所有系数。自适应稀疏组 Lasso[132]通过使用组桥估计子来构造权重。从统计学观点来说，上述方法构造的具有统计学意义能够大体地估计基因的重要性。尽管多项式稀疏组 Lasso 模型[12]引入的权重机制包含组权重和基因权重，但是未给出这两种权重的具体解释。因此，这些权重构造方法不具有生物可解释性。此外，上述权重依赖于癌症数据的实际值，因此它们对异常值不具有鲁棒性。与以往的相关工作相比，我们将系统生物学中与生物通路相对应的加权基因共表达网络模块应用于机器学习中的基因分组，这个过程具有生物学意义而且易于实现。此外，通过联合互信息可以有效地构建具有生物学意义的基因和组权重。基于以上两种思想，我们提出了一种加权广义组 Lasso 模型 WGGL，该模型能有效地选择癌症分类中的含有重要信息的基因。

5.3 问题描述

癌症筛查和诊断应用通常希望使用尽可能少的重要基因进而精确地预测新样本的肿瘤类型。这些基因也与生物过程密切相关。在本小节，我们致力于癌症基因表达数据的二分类问题的研究。给定一组训练数据集$(X,y)=\{(x_i,y_i)\mid i=1,\cdots,n\}$，其中 $x_i=\{x_{i1},\cdots,x_{ip}\}$ 是输入向量，$y_i\in\{0,1\}$ 表示相应的类标签。该分类问题是为了获得一个判别函数规则 $f:R^p\rightarrow\{0,1\}$，使用这个函数模型能够准确地预测新样本的标签。对于癌症基因表达数据，n 和 p 分别代表癌症样本的数目和基因的数目。令 $y=(y_1,\cdots,y_n)^{\mathrm{T}}$ 为响应向量，$X=(x_1,\cdots,x_n)=(x_{(1)},\cdots,x_{(p)})$ 为模型矩阵。令 $x_{(j)}=(x_{1j},\cdots,x_{nj})^{\mathrm{T}}$表示第 j 预测子。依据如下线性回归模型：

$$y = X\beta + \varepsilon = \sum_{j=1}^{p} \beta_j x_{(j)} + \varepsilon \tag{5.1}$$

响应向量 y 可以被预测为 $\hat{y} = X\hat{\beta} = \sum_{j=1}^{p} \hat{\beta}_j x_{(j)}$。其中 $\hat{\beta} = (\hat{\beta}_1, \cdots, \hat{\beta}_p)^{\mathrm{T}}$ 为估计系数向量，$\varepsilon = (\varepsilon_1, \cdots, \varepsilon_n) \sim N(0, \delta^2 I_n)$ 是误差向量。为了简便，我们假设预测子是标准化的，并且响应向量是中心化的，这意味着截距 ε 可以被忽略。$\hat{\beta}$ 中的非零系数的个数表示选择基因的个数。假设预测子被分为 m 个组，输入矩阵 X 和 $\hat{\beta}$ 可以分别被表示为 $X = (X^{(1)}, \cdots, X^{(m)})$ 和 $\hat{\beta} = (\hat{\beta}^{(1)\mathrm{T}}, \cdots, \hat{\beta}^{(m)\mathrm{T}})^{\mathrm{T}}$。响应向量 y 可以通过 $y = \sum_{l=1}^{m} X^{(l)} \hat{\beta}^{(l)}$ 来预测。

5.4 加权广义组 Lasso 模型

我们引入一种有效的基因分组方法，其能够将给定数据分为 m 个不重叠的基因组（群），然后使用信息论中的联合互信息来计算 m 个基因组的权重，以及每组内的基因的权重。基于以上两点，提出一个加权广义组 Lasso 统计学习模型（WGGL）：

$$\hat{\beta} = \underset{\beta}{\operatorname{argmin}} \{ \frac{1}{2} \| y - \sum_{l=1}^{m} \widetilde{X}^{(l)} \theta^{(l)} \|_2^2 + (1-\alpha)\lambda \sum_{l=1}^{m} \eta_l \| w^{(l)} \beta^{(l)} \|_2 + \alpha\lambda \sum_{l=1}^{m} \| w^{(l)} \beta^{(l)} \|_1 \}, \tag{5.2}$$

实际上公式(5.2)为现有的 Lasso 模型的推广，也可以通过优化一个“损失”+“惩罚”的准则来完成：$\hat{\beta} = \underset{\beta}{\operatorname{argmin}} \{ L(\beta) + R(\beta) \}$，其中 $L(\beta)$ 是损失函数，$R(\beta)$ 是惩罚项。在提出的模型 WGGL 中，损失项与现有的 Lasso 模型的损失项一致为：

$$L(\beta) = \frac{1}{2} \| y - \sum_{l=1}^{m} X^{(l)} \beta^{(l)} \|_2^2. \tag{5.3}$$

然而，WGGL 的惩罚项与现有 Lasso 模型不同，其引入了基因组的权重和这些组内基因的权重：

$$R(\beta) = (1-\alpha)\lambda \sum_{l=1}^{m} \eta_l \| w^{(l)} \beta^{(l)} \|_2 + \alpha\lambda \sum_{l=1}^{m} \| w^{(l)} \beta^{(l)} \|_1, \tag{5.4}$$

其中 $\alpha \in [0,1]$ 和 $\lambda \in [0,\infty]$ 是正则化参数。η_l 和 $w^{(l)}$ 分别是组权重以及基因权重矩阵。这些权重的设计将是我们研究的另一个主要内容。等式(5.4)的第一项被称为自适应组 Lasso 惩罚，它可以激励组与组之间的稀疏性。第二项被称为自适应 Lasso 惩罚，其可以激励组内基因的稀疏性。加权的 L_1/L_2-范数 $\sum_{l=1}^{m}\eta_l \| w^{(l)}\beta^{(l)} \|_2$（或者自适应组 Lasso 惩罚）惩罚了重要组的系数，即组系数越小意味着其对应的组越重要，进而被首先选择。加权 L_1 范数 $\sum_{l=1}^{m} \| w^{(l)}\beta^{(l)} \|_1$（或被称为自适应 Lasso 惩罚）对所选组中的每一个基因进行惩罚，使不相关基因的系数收缩到零，即较大的基因权重系数意味着这些基因不那么重要，因此它们被选择的可能性较低。换句话说，惩罚项 (5.4) 促进了基因组之间和组内基因的稀疏性。WGGL 通过对重要的基因分配较小的惩罚系数，提高了基因选择的准确性，并降低了估计偏差。另一方面，如果权重矩阵 $w^{(l)}$ 是单位矩阵 的话，WGGL 将变为稀疏组 Lasso 模型[18]。

以等式(5.2)的目前形式很难计算 $\hat{\beta}$。考虑到基因权重矩阵 $w^{(l)}$ 是一个可逆的正定矩阵（将在 5.4.2.1 节中被证明）。我们定义 $\theta^{(l)}=w^{(l)}\beta^{(l)}(l=1,\cdots,m)$，则等式(5.2)被简化为：

$$\hat{\beta}=\underset{\beta}{\operatorname{argmin}}\{\frac{1}{2}\| y-\sum_{l=1}^{m}\tilde{X}^{(l)}\theta^{(l)}\|_2^2+(1-\alpha)\lambda\sum_{l=1}^{m}\eta_l\|\theta^{(l)}\|_2 + \alpha\lambda\sum_{l=1}^{m}\|\theta^{(l)}\|_1\}, \tag{5.5}$$

其中 $\tilde{X}^{(l)}=\tilde{X}^{(l)}(w^{(l)})^{-1}$。因此为了获得 WGGL 的最优估计向量 $\hat{\beta}$，我们需要获得最优 $\hat{\theta}$。需要注意的是等式(5.5)是凸的，即最优值 $\hat{\theta}$ 可由次梯度方程得到。对于第 g 个组 $g=(1,\cdots,m)$ ，解 $\hat{\theta}^{(g)}$ 满足：

$$\tilde{X}^{(g)\mathrm{T}}(y-\sum_{l=1}^{m}\tilde{X}^{(l)}\hat{\theta}^{(l)})=\eta_g(1-\alpha)\lambda u_g+\alpha\lambda v_g, \tag{5.6}$$

其中 u_g 和 v_g 分别是 $\|\hat{\theta}^{(g)}\|_2$ 和 $\|\hat{\theta}^{(g)}\|_1$ 子梯度。根据[18]，如果 $\hat{\theta}^{(g)}\neq 0$ ，$u_g=\hat{\theta}^{(g)}/\|\hat{\theta}^{(g)}\|_2$，否则 $\|u_{(g)}\|_2\leqslant 1$ 。如果 $\hat{\theta}^{(g)}\neq 0$ ，$v_{gj}=\operatorname{sign}(\hat{\theta}_j^{(g)})$ ，否则 $v_{gj}\in[-1,1]$ 。

根据文献[18]中的分析，对于等式(5.6)，如果 $\| S(\hat{X}^{(g)\mathrm{T}}r_{(-g)},\alpha\lambda)\|_2\leqslant\eta_g(1-\alpha)\lambda$，则 $\hat{\theta}^{(g)}=0$ 被满足，其中 $r_{(-g)}=y-\sum_{l\neq g}X^{(l)}\hat{\theta}^{(l)}$ 是 y 的部分残差。S

是坐标软阈值运算符,其被定义为 $S(z,\alpha\lambda)_j=\text{sign}(z_j)(|z_j|-\alpha\lambda)_+$。如果 $\hat{\theta}^{(g)}\neq 0$,然后 $\hat{\theta}^{(g)}$ 的子梯度条件为:

$$\widetilde{X}_k^{(g)\mathrm{T}}(y-\sum_{l=1}^{m}\widetilde{X}^{(l)}\hat{\theta}^{(l)})=(1-\alpha)\lambda\eta_g u_{gk}+\alpha\lambda v_{gk}, \tag{5.7}$$

如果 $|\widetilde{X}^{(g)\mathrm{T}}r_{(-g,k)}|\leqslant\alpha\lambda$,那么 $\theta^{(g)}=0$ (或者 $\hat{\beta}_k^{(g)}=0$),其中 $r_{(-g,k)}=r_{(-g)}-\sum_{j\neq k}\widetilde{X}_j^{(g)\mathrm{T}}\hat{\theta}^{(g)}$ 是 y 的部分残差。当 $\hat{\theta}_k^{(g)}\neq 0$ 时,$\hat{\theta}_k^{(g)}$ 可以通过如下等式获得:

$$\begin{aligned}\hat{\theta}_k^{(g)}&=\underset{\hat{\theta}_k^{(g)}}{\operatorname{argmin}}\{\frac{1}{2}\|y-\sum_{l=1}^{m}\widetilde{X}^{(l)}\hat{\theta}^{(l)})\\&=(1-\alpha)\lambda\eta_g\|\theta^{(g)}\|_2+\alpha\lambda\|\theta^{(g)}\|_1\},\end{aligned} \tag{5.8}$$

等式(5.8)是一个关于 $\hat{\theta}_k^{(g)}$ 的一维的最优化问题,其可以被如下经典的最优化问题,即梯度下降算法 [18] 来获得:$\hat{\beta}_k^{(g)}=\hat{\theta}_k^{(g)}/w_k^{(g)}$。类似地,WGGL 的最优解 $\hat{\beta}$ 可以通过 $\hat{\beta}^{(g)}=(w^{(g)})^{-1}\hat{\theta}^{(g)}$ 来获得。

对于给定的癌症基因表达数据,在癌症分类中基因选择的表现有两个方面至关重要:适当地将基因分组以及确定具有生物学意义的组和基因的权重。针对所研究的问题,我们提出了一种新的基于 WGGL 模型的基因选择算法(Gene Selection Algorithm,GSA)。GSA 算法包含三个组成部分:基因分组启发式算法 (GGH)、基因和组权重计算 (GGWC) 和解构造过程 (Solution Construction Procedure,SCP)。对于给定的 X,y,α 和 λ,GSA 输出 $\hat{\beta}$。所提出的基因选择框架的流程图展示在图 5.1 中。基于这个流程图,GSA 的详细框架被描述在算法 8 中。

算法 8：基因选择算法（GSA）框架

输入：$X, \boldsymbol{y}, \alpha, \lambda$

输出：$\hat{\boldsymbol{\beta}}$

1 通过使用 GGH 将数据 X 中的基因分为 m 个组 $(X^{(1)}, \cdots, X^{(m)})$；

2 for l = 1 to m *do*

3 调用 GGWC 算法来计算 $\boldsymbol{w}^{(l)}$，η_l 和 $\tilde{X}^{(l)}$ 基于 $X^{(l)}$；

4 调用 SCP 来计算 $\hat{\boldsymbol{\beta}}$

5 return $\hat{\boldsymbol{\beta}}$

5.4.1 基因分组方法

癌症诊断是一个复杂的、精心安排的生物学过程，同时伴随着大量基因的协同作用。如文献[18]中使用的方法：利用细胞遗传学位置数据将基因分为“基因集”。并不是所有的基因在数据集中都能被分组的，相关的基因在不考虑基因富集功能的情况下以直观的方式粗略地分组。此外，此模型使用的分组方法对特定的数据集进行分组，即这个方法不能应用于一般情况。事实上，所有相关的基因，不管它们在生物学上有多紧密或松散的联系，都被聚集成一组，可能会导致不准确的预测。然而，基因之间的相互作用可以用网络来表示，因此可联想到使用权重基因共表达网络分析（WGCNA）[221] 来对基因进行分组。WGCNA 是一种基于网络的系统生物学方法，在这种方法中，与样本之间高度相关的基因被聚集成同一组（或模块）。

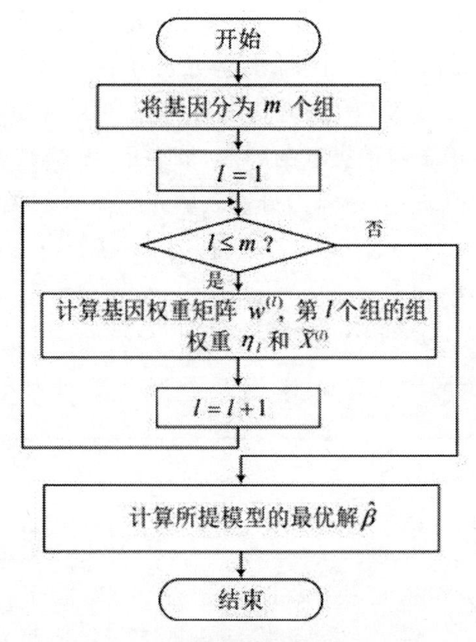

图 5.1　基因选择框架的流程图

在 WGCNA 中,模块识别本质上依赖于加权的基因共表达网络。每个网络中的节点代表基因。网络的边是利用表达数据中基因之间的相关性来构建的,这些相关性是通过基因之间的相似性来衡量的。如果两个节点的相似度不小于阈值 σ ,则它们仅由一条边连接。图 5.2 给出了一个简单的示例。

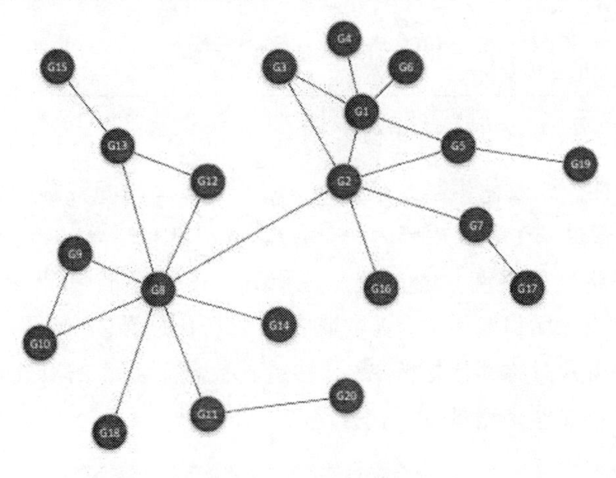

图 5.2　基因网络

受这个思想的启发,我们提出了一个基因分组启发式方法(GGH),也就是将系统生物学加权基因共表达网络分析方法应用在机器学习中。由于在癌症中可能存在两种或者更多类型的肿瘤,GGH 通过使用 WGCNA 将每种类型癌症分组。在本章中考虑了两种类型的肿瘤,被表示为 $X=[X_{T1},X_{T2}]$。$X_{T_1}=(x_1;\cdots;x_{n'})$和 $X_{T_2}=(x_{n'+1};\cdots;x_n)$分别表示为类型 1 和类型 2 的数据。$X_{T_t}$ 可以被表示为 $X_{T_t}=(x_{(1)}^{T_t},\cdots,x_{(p)}^{T_t})(t=\{1,2\})$ 。$X_{(t)}^{T_t}(i=1,\cdots,p)$ 表示为一个基因(或者一个网络节点)。行 $x_j(j=1,\cdots,n'$ 或者 $j=n'+1,\cdots,n)$ 对应于一个样本测量。

算法 9: 基因分组启发法 (GGH)

输入: 矩阵 $X=[X_{T1},X_{T2}]$

输出:分组的基因 G

1 通过使用算法识别模块(NeT1) 将类型 1 数据 X_{T1} 中的基因分组

$G_1=\{\hat{g}_1,\hat{g}_2,\cdots,\hat{g}_k\}$;

2 通过使用算法识别模块 (NeT2) 将类型 2 数据 X_{T2} 中的基因分组

$G_2=(\hat{g}_{k_1+1},\hat{g}_{k_1+2},\cdots,\hat{g}_m\}$;

3 $G\leftarrow G_1\bigcup G_2$;

4 return 分组的基因 G.

根据文献[221],基因共表达相似性测量 $s_{hj}=|cor(x_{(h)}^{T_t},x_{(j)}^{T_t})|$ 测量了 $x_{(h)}^{T_t}$ 和 $x_{(j)}^{T_t}$ 的相似性。通过使用幂连接函数 $a_{hj}=s_{hj}^{\sigma}(\sigma\geqslant 1)$和转移相似性矩阵 $S=(s_{hj})_{p\times p}$ 可以获得一个邻接矩阵 $A=(a_{hj})_{p\times p}$。其中 $a_{hj}\in[0,1]$ 表示为节点 h 和 j 之间的网络连接强度。通过使用近似无标度拓扑准则[221],我们可以获得 X_{T_1} 和 X_{T_2} 的最优阈值参数 σ。X_{T_1} 或者 X_{T_2}(NeT_1 或者 NeT_2)的加权基因共表达网络可由其对称邻接矩阵 $A_{p\times p}$ 构造。节点 h 和 j 的总连接强度可以通过其拓扑重叠相似性来测量 ω_{hj}(简化为 TOM)[223]。

$\omega_{hj}=\dfrac{l_{hj}+a_{hj}}{\min\{\dot{k}_h,\dot{k}_j\}+1-a_{hj}}$,其中 $l_{hj}=\sum_u a_{hu}a_{uj}$,$\dot{k}_h=\sum_u a_{hu}$,$u=1,\cdots,p$ 。

h 和 j 相异度测量可以通过 $d^{\omega}_{hj}=1-\omega_{hj}$ 来计算。通过对 NeT_1 或者 NeT_2 使用动态树剪切算法[224]，模块(或者组)可以被识别。算法 9 详细描述了基因分组启发法 GGH，算法 10 描述了获得网络识别模块（NeT）的过程。

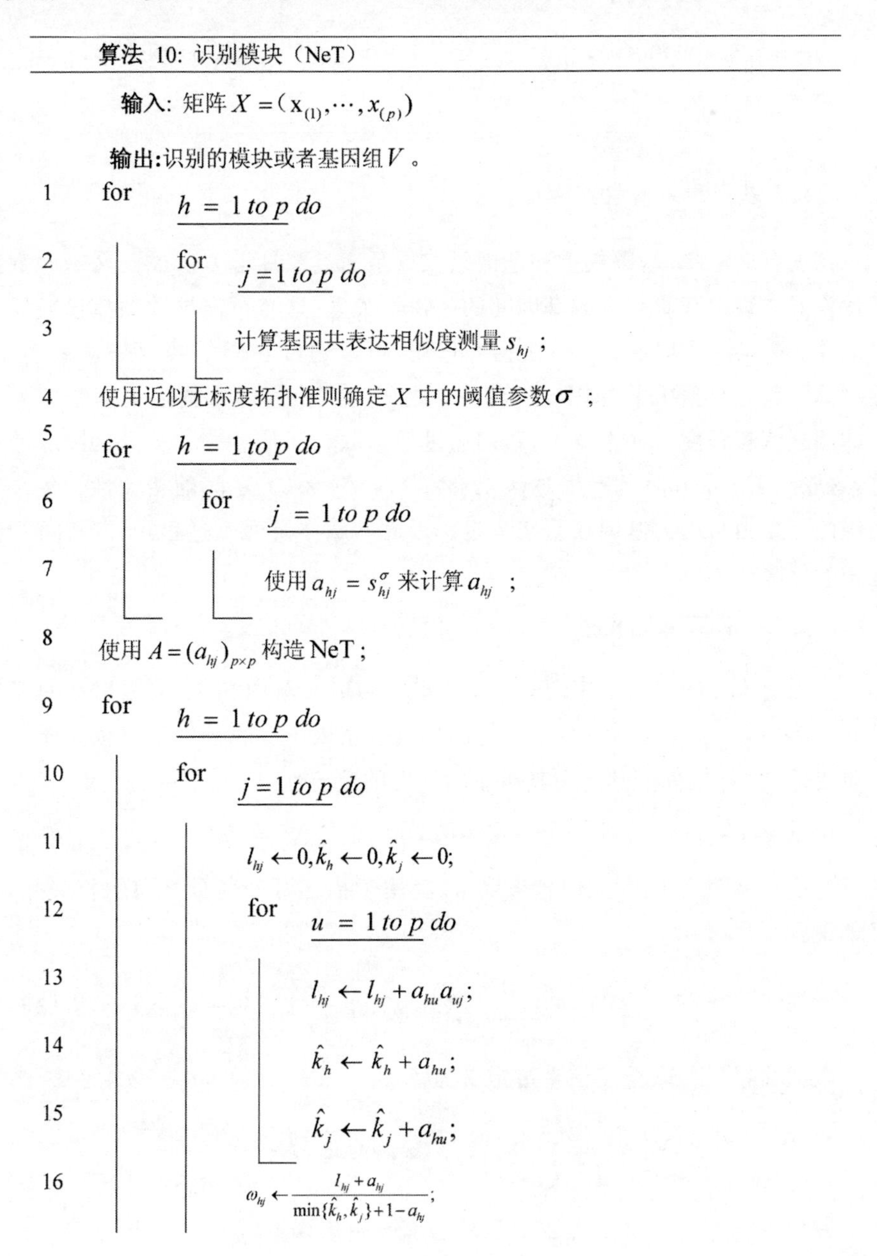

算法 10: 识别模块（NeT）

输入: 矩阵 $X=(x_{(1)},\cdots,x_{(p)})$

输出:识别的模块或者基因组 V。

1 for $h=1\ to\ p\ do$

2 　for $j=1\ to\ p\ do$

3 　　计算基因共表达相似度测量 s_{hj}；

4 使用近似无标度拓扑准则确定 X 中的阈值参数 σ；

5 for $h=1\ to\ p\ do$

6 　for $j=1\ to\ p\ do$

7 　　使用 $a_{hj}=s_{hj}^{\sigma}$ 来计算 a_{hj}；

8 使用 $A=(a_{hj})_{p\times p}$ 构造 NeT；

9 for $h=1\ to\ p\ do$

10 　for $j=1\ to\ p\ do$

11 　　$l_{hj}\leftarrow 0,\hat{k}_h\leftarrow 0,\hat{k}_j\leftarrow 0$;

12 　　for $u=1\ to\ p\ do$

13 　　　$l_{hj}\leftarrow l_{hj}+a_{hu}a_{uj}$;

14 　　　$\hat{k}_h\leftarrow \hat{k}_h+a_{hu}$;

15 　　　$\hat{k}_j\leftarrow \hat{k}_j+a_{hu}$;

16 　　$\omega_{hj}\leftarrow \dfrac{l_{hj}+a_{hj}}{\min\{\hat{k}_h,\hat{k}_j\}+1-a_{hj}}$;

17 $d_{hj}^{\omega} \leftarrow 1-\omega_{hj}$;

18 根据矩阵 $D=(d_{hj}^{\omega})_{p\times p}$ 构造分层聚类树;

19 使用动态聚类数算法识别 NeT 中的模块 $V=\{v_1,v_2,\cdots,v_k\}$;

20 return 组 V.

5.4.2 基因和组的权重构造

在现有文献中,基因权重和基因组权重是通过统计学方法或仅由基因数目来计算的。很少有研究考虑基因间的生物学关系,这有可能导致癌症诊断缺乏精确性。事实上,基因之间存在相互作用,可以通过它们的共同信息来衡量。癌症基因表达数据中的基因 $x_{(h)}$ 和 $x_{(j)}$ 之间的互信息通常描述了两个向量之间的相互依赖程度。在本章中,我们通过使用联合互信息来构造基因 $x_{(k)}$ 的权重,这取决于 $x_{(k)}$ 和其他基因对 $(x_{(h)},x_{(j)})$ $(h\neq j\neq k)$ 之间的相关性。每个基因组的权重由组内的基因权重来决定。因此本章涉及两个过程:基因权重和组权重的计算。

5.4.2.1 计算基因权重

在组 $\hat{g}_t(\hat{x}_1,\cdots,\hat{x}_n)^{\mathrm{T}}$ 中的基因 $x_{(k)}$ 不仅与成对基因相关,而且对成对基因都有影响 $(x_{(h)},x_{(j)})$ $(h\neq j\neq k)$ 。换句话说,基因 $x_{(k)}$ 的权重不仅依赖于其独立重要性 s_k^l,并依赖于其所在其组中的基因的重要性 t_k^l。

令 $\hat{X}=(\hat{x}_1,\cdots,\hat{x}_1)^{\mathrm{T}}$, $Y=(y_1,\cdots,y_n)^{\mathrm{T}}$ 以及 $Z=(z_1,\cdots,z_n)^{\mathrm{T}}$。根据文献[172],引入 $\hat{X}$ 和 Y 间的互信息来度量,其用于描述两个变量之间的相关性,定义如下:

$$I(\hat{X};Y)=\sum_{x\in\hat{X}}\sum_{y\in Y}p(\hat{x},y)\log\frac{p(\hat{x},y)}{p(\hat{x})p(y)}. \tag{5.9}$$

根据文献[173],联合互信息被定义为:

$$I(\hat{X},Y;Z)=\sum_{x\in\hat{X}}\sum_{y\in Y}\sum_{z\in Z}p(\hat{x},y)\log\frac{p(\hat{x},y,z)}{p(\hat{x},y)p(z)}, \tag{5.10}$$

其中 $p(\hat{x},y,z)$ 是 $\hat{x}$, y 和 z 的联合概率密度函数, $p(\hat{x},y)$ 是 $\hat{x}$ 和 y 的联

合概率密度函数，$p(z)$是 z 的概率密度函数。基于等式(5.10)，我们定义了在组 $\hat{g}_t(l=1,2,\cdots,m)$ 中的 $x_{(k)}$ 相对于$(x_{(h)},x_{(j)})$ 的独立重要性 s_k^l：

$$s_k^l=\frac{1}{A_{\hat{p}_t-1}^2}\sum_{h=1}^{\hat{p}_t}\sum_{j=1}^{\hat{p}_t}I(x_{(h)},x_{(j)};x_{(k)}),\{h\neq j\neq k;k=1,\cdots,\hat{p}_t\}\ ,\tag{5.11}$$

其中 $A_{\hat{p}_t-1}^2=\frac{(\hat{p}_t-1)!}{(\hat{p}_t-1-2)!}=(\hat{p}_t-1)(\hat{p}_t-2)$ 为第 g 个组 $\hat{g}_l$ 除了 $x_{(k)}$ 以外的基因对的排列组合数。s_k^l 测量了组 $\hat{g}_l$ 内相对于 $x_{(k)}$ 与所有其他基因对共享的平均信息量。根据等式(5.10) 和 (5.11)，s_k^l 越大意味着所有其余的基因对与基因 $x_{(k)}$ 拥有更多的共享信息。换句话来说，s_k^l 可以定量测量 $\hat{g}_l$ 组内基因 $x_{(k)}$ 的重要性。s_k^l 越大表示 $\hat{g}_l$ 组内的第 k 个基因 $x_{(k)}$ 越重要。

类似于 s_k^l，根据等式(5.9)和(5.10)，我们定义 t_k^l 为 $x_{(k)}$ 的依赖重要性：

$$t_k^l=\frac{1}{A_{\hat{p}_l-1}^2}\sum_{h=1}^{\hat{p}_l}\sum_{j=1}^{\hat{p}_l}[I(x_{(h)},x_{(j)};x_{(k)})-I(x_{(h)};x_{(k)})-I(x_{(j)};x_{(k)})]^+,$$

$$\{h\neq j\neq k;k=1,\cdots,\hat{p}_l\}\tag{5.12}$$

其中$[\zeta]^+=\max(\zeta,0)$。t_k^l 表示组 $\hat{g}_l$ 内基因 $x_{(k)}$ 与所有其余基因对之间共享信息的平均增量。$t_k^l>0$ 表示 $I(x_{(h)},x_{(j)};x_{(k)})$比互信息 $I(x_{(h)};x_{(k)})$和 $I(x_{(j)};x_{(k)})$之和获得更多的信息。此外，根据文献[184]，联合互信息可以被表示为 $I(x_{(h)},x_{(j)};x_{(k)})=I(x_{(h)};x_{(k)})+I(x_{(j)};x_{(k)})-I(x_{(h)};x_{(j)})+I(x_{(h)};x_{(j)}|x_{(k)})$。$t_k^l>0$ 意味着当基因 $x_{(k)}$ 被引入基因对$(x_{(h)},x_{(j)})$ 中后，所有其他基因对的相关性增加，那么 $I(x_{(h)};x_{(j)}|x_{(k)})>I(x_{(h)};x_{(j)})$，即在已知基因 $x_{(k)}$ 的条件互信息$(x_{(h)},x_{(j)})$大于 $x_{(h)}$ 和 $x_{(j)}$ 之间的互信息。相反地，当 $t_k^l=0$ 时，基因 $x_{(k)}$ 对其余任何一对基因都没有影响。

为了综合评估 s_k^l 和 t_k^l，我们运用信息熵到向量 $s^l=(s_1^l,\cdots,s_{\hat{p}_l}^l)^{\mathrm{T}}$ 和 $t^l=(t_1^l,\cdots,t_{\hat{p}_l}^l)^{\mathrm{T}}$。对于变量或者向量 $\hat{X}$，$H(\hat{X})=-\sum_{\hat{x}\in\hat{X}}p(\hat{x})\log(\hat{x})$，其中

$p(\hat{x})=\hat{x}/\sum_{i=1}^{n}\hat{x}_i$ 表示每个 $\hat{x}\in\hat{X}$ 的概率密度分布，不同于等式(5.9)和(5.10)。熵 $H(\hat{X})$表示 $\hat{X}$ 的平均不确定性度量。变量的信息熵越小，表示变量提供的信息量越大，那么变量越重要。在这里，s^l 和 t^l 的权重分别表示为 $\mu_1=\frac{e^{-H(s^l)}}{e^{-H(s^l)}+e^{-H(t^l)}}$和 $\mu_2=\frac{e^{-H(t^l)}}{e^{-H(s^l)}+e^{-H(t^l)}}$。通过整合 s_k^l 和 t_k^l，组 $\hat{g}_l$ 内的基因 $x_{(k)}$的综合重要性可以被表示为 $\bar{s}_k^l=\mu_1 s_k^l+\mu_2 t_k^l$，可简化为：

$$\bar{s}_k^l=\frac{e^{-H(s^l)}s_k^l+e^{-H(t^l)}t_k^l}{e^{-H(s^l)}+e^{-H(t^l)}}, \tag{5.13}$$

由于 $s_k^l\geqslant 0$ 和 $t_k^l\geqslant 0$，则当 $\bar{s}_k^l>0$ 时，基因 $x_{(k)}$具有一定的生物学意义，反之，当 $\bar{s}_k^l=0$ 时基因 $x_{(k)}$不具有任何生物学意义。

根据(5.2)，越大的权重意味着基因越不重要。因此，我们定义组 $\hat{g}_l$ 内基因 $x_{(k)}$的权重为：

$$w_k^{(l)}=\begin{cases}\dfrac{e^{-H(s^l)}+e^{-H(t^l)}}{e^{-H(s^l)}s_k^l+e^{-H(t^l)}t_k^l}, & \text{if } \bar{s}_k^l>0\\ 1/\varepsilon, & \text{否则}\end{cases} \tag{5.14}$$

其中 $0<\varepsilon\ll 1$ 是一个提前给定的阈值。换句话说，当 $\bar{s}_k^l=0$ 时，对应基因被一个较大的权重惩罚。根据等式(5.14)，我们构造等式 (5.2)中的第 l 组 $\hat{g}_l$ $(l=1,\cdots,m)$内的基因的权重矩阵：

$$w^{(l)}=\text{diag}(w_1^{(l)},\cdots,w_{\hat{p}_l}^{(l)}), \tag{5.15}$$

由于 $w_k^{(l)}>0$，权重矩阵的行列式 $w_k^{(l)}\neq 0$，即 $\det w_1^{(l)}\times\cdots\times w_{\hat{p}_l}^{(l)}\neq 0$。因此，矩阵 $w^{(l)}$是可逆的。

5.4.2.2 计算组权重

第 l 个组 $\hat{g}_l(l=1,\cdots,m)$内的重要性依赖于其组内基因的重要性，可以被定义为：

$$\xi_l=\sum_{k=1}^{\hat{p}_l}\bar{s}_k^l\ , \tag{5.16}$$

利用 $\hat{g}_l$ 组内基因重要性的总和，ξ_l 表示为该组的重要性。ξ_l 的值越大表

示 $\hat{g}_l$ 组越重要。$\xi_l=0$ 表示 $\hat{g}_l$ 不重要。

类似于基因权重计算，我们通过如下等式构造 $\hat{g}_l$ 组的权重系数：

$$\eta_l=\left(\xi_1+\frac{1}{\sqrt{\hat{p}_l}}\right)^{-1},\tag{5.17}$$

其中 $\hat{p}_l$ 为组 $\hat{g}_l$ 内的基因个数。则组权重向量：

$$\eta=(\eta_1,\cdots,\eta_m)^{\mathrm{T}}\tag{5.18}$$

为等式(5.2)中的组 Lasso 权重。

算法 11: 基因与组权重的计算 (GGWC)

输入: $X^{(l)}$

输出:识 $w^{(l)},\eta_l,\tilde{X}^{(l)}$

1　for k=1 to $\hat{p}_l$ do

2　　通过等式 (5.11) 来计算 s_k^l ;

3　　通过等式 (5.12) 来计算 t_k^l ;

4　$H(s^l)\leftarrow 0,H(t^l)\leftarrow 0;$

5　for k=1 to $\hat{p}_l$ do

6　　$H(s^l)\leftarrow H(s^l)\leftarrow p(s_k^l)\log(s_k^l)$

7　　$H(t^l)\leftarrow H(t^l)\leftarrow p(t_k^l)\log(t_k^l)$

8　$\xi_l\leftarrow 0,$

9　for k=1 to $\hat{p}_l$ do

10　　通过等式(5.13)来计算 $\overline{s}_k^l$;

11　　$\xi_l\leftarrow\xi_l+\overline{s}_k^l;$

12　　if $\overline{s}_k^l>0$ then

13　　　$w_k^{(l)}\leftarrow 1/\overline{s}_k;$

14　　else

15　　　$w_k^{(l)}\leftarrow 1/\varepsilon;$

16 $w^l \leftarrow diag(w_1^{(l)},\cdots,w_{\hat{p}_t}^{(l)})$;

17 通过等式 (5.17) 来计算η_l ;

18 $\tilde{X}^{(l)} \leftarrow X^{(l)}(\boldsymbol{w}^{(l)})^{-1}$

19 return $W^{(l)},\eta_l,\tilde{X}^{(l)}$.

根据上述分析,基因与组权重的计算(GGWC)过程详细描述在算法 11 中。

5.5 加权广义组 Lasso 模型的求解算法

我们获得了分组基因的基因权重和组权重之后,可以获得 WGGL(5.2)的最优解。类似于文献[18,126]中的算法思路,将目标的一般优化过程分为两个连续步骤,即组间稀疏选择与组内稀疏选择。在收敛条件达到以前一直重复这个操作。该过程在算法 12 中进行了详细的描述。

算法 12: 解的构造过程 (SCP)

输入: $w, \eta, \tilde{X}$

输出: $\hat{\beta}$

1　$\beta_0 \leftarrow \mathbf{0}$;

2　repeat

3　　$flag \leftarrow True$;

4　　$for\ g = 1\ to\ m\ do$

5　　　$if(\| S(\hat{X}^{(g)T} r_{(-g)}, a\lambda) \| \le \eta_g (1-\alpha)\lambda)$ then

6　　　　$\hat{\boldsymbol{\theta}}^{(g)} \leftarrow \mathbf{0}$;

7　　　　$\hat{\boldsymbol{\beta}}^{(g)} \leftarrow \mathbf{0}$;

8　　　for $k = 1\ to\ \hat{p}_g$ do

9　　　　if $| \tilde{X}_k^{(g)T} \boldsymbol{r}_{(-g,k)} | \le \alpha\lambda$ then

10　　　　　$\hat{\theta}_k^{(g)} \leftarrow 0$;

11　　　　　$\hat{\boldsymbol{\beta}}_k^{(g)} \leftarrow 0$;

12　　　　else

13　　　　　通过等式(5.8)计算 $\hat{\theta}_k^{(g)}$;

14　　　　　$\hat{\beta}_k^{(g)} \leftarrow \hat{\theta}_k^{(g)} / w_k^{(g)}$;

```
15        β' ← β̂ - β_0;
16        for g = 1 to m do
17            for k = 1 to p̂_g do
18                If β'_{g,k} > φ then
19                    flag ← False;
20        if flag ← False then
21            β_0 ← β̂;
22    until (flag ← False);
23    return β̂.
```

5.6 实验结果

在随机实例上对所提出的 GSA 框架的相关参数和组件进行了分析对比。在基准数据集上，将 WGGL 模型与稀疏组 Lasso 和组 Lasso 模型进行了比较。采用常用指标：误分类误差和选择的基因数对所对比的三种模型进行评价。误分类错误是指测试数据上的误差，测试集是一组仅用于评估分类器性能（泛化）的例子，误分类误差被定义为 $E=\frac{1}{n}\sum_{i=1}^{n}I(f(x_i)\neq y_i)$。选择的基因数是反映算法基因选择性能的一个指标。

5.6.1 参数和组件分析

Simon 等人[18]所提出的 SG 模型使用了 GG(给定分组) 进行基因分组和 CE(常数估计) 用来确定基因权重。由于 SGL 类似于 WGGL 模型的构造，GG 和 CE 被用于组件分析。两个变体 (GGH 和 GG) 用于基因分组组件以及另两个变体 (GGWC 和 CE) 用于权重构造组件。另外，两个参数 λ 和 α 可能会对提出的 GSA 的性能产生影响。λ 取值{0.005,0.01,0.1,0.15,0.2,0.5}以及 $\alpha \in$ {0.05,0.1,0.2,0.4,0.6,0.8,0.9,0.95,0.97,0.99}。因此,有 2×2×6×10=240 种组合。为了获得最合适的组件和参数,每个组合在四组随机实例上执行,每个组被重复 8 次。总共进行了 240×4×8=7680 组测试。用相对百分比偏差（RPD）评价 GSA 的性能。令 $E_k(H)$ 为算法 H 在第 k 组实例上获得的误分类误差,E_k^* 为所有算法在第 k 组实例上获得的最低误分类误差。RPD 被定义为:$RPD=\dfrac{E_k(H)-E_k^*}{E_k^*}\times 100\%$ 。

测试实例以下面的方式随机生成,输入矩阵 X 和响应向量 $y=(y_1,\cdots,y_n)^{\mathrm{T}}(i=1,\cdots,n$ 以及 $y_i\in\{0,1\})$ 都服从文献[224]中数据的分布。四种随机生成的数据集 $(n,p)=\{(50,1000),(75,1500),(100,2000),(120,4000)\}$ 。GGH 将每个基因分两次以及 p 个基因被扩展为 $\hat{p}=2p$ 个基因。四组基因个数变为 $\hat{p}=2000,3000,4000,8000$,,分别被 GGH 分为 $m=12,14,15,16$ 个组。

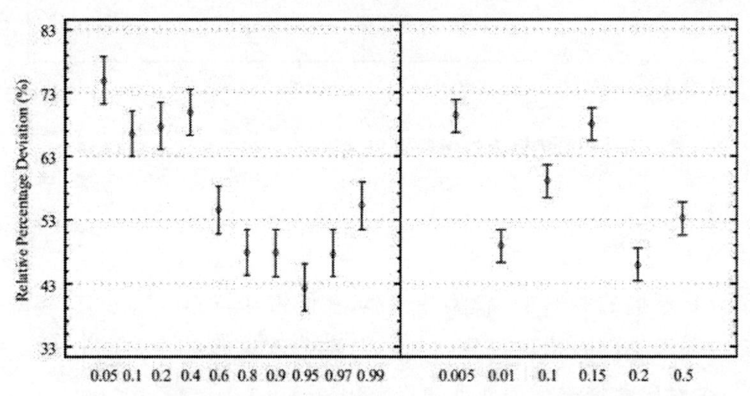

图 5.3　随机实例上的参数的 95% Tukey HSD 置信区间均图

采用多因素方差分析（ANOVA）技术,对随机样本上各组合的 RPD 进行分析。实验数据应能很好地满足假设,其中三个主要假设（残差的独立性、因子水平方差的齐次性或齐次性以及模型残差的正态性）已被检测并接受。95% Tukey HSD 置信区间下,α,λ 和两个算法组件的对比实验结果如图 5.3 和图 5.4 所示。重叠的置信区间表示重叠均值之间的统计意义不明显。图 5.3 表明,当 $\alpha<0.95$ 时,所提方法的 RPD 基本上没有增加的趋势,而 $\alpha\geqslant 0.95$ 时,所提方法的 RPD 增加。当 $\alpha<0.95$ 时大多数值的差异具有统计学意义。当 $\alpha=$

0.95 时,GSA 获得的 RPD 最小。GSA 的 RPD 随 λ 的增加而波动。当 $\lambda=0.01$ 和 $\lambda=0.2$ 时,GSA 获得两个最小值。$\lambda=0.2$ 时的 RPD 稍微小于 $\lambda=0.01$ 时的 RPD。其他 λ 值的差异在统计学上是显著的。从图 5.4 可见 GGH 与 GG 之间的差异具有统计学意义。在基因分组方面 GGH 的 RPD 远小于 GG,因此 GGH 的基因分组效果更好。此外,我们可以观察到 GGWC 和 CE 之间的差异具有统计学意义。用 GGWC 测定 GSA 的 RPD 远小于 CE 的 RPD。因此,GGWC 可以更好地构造基因和组的权重。

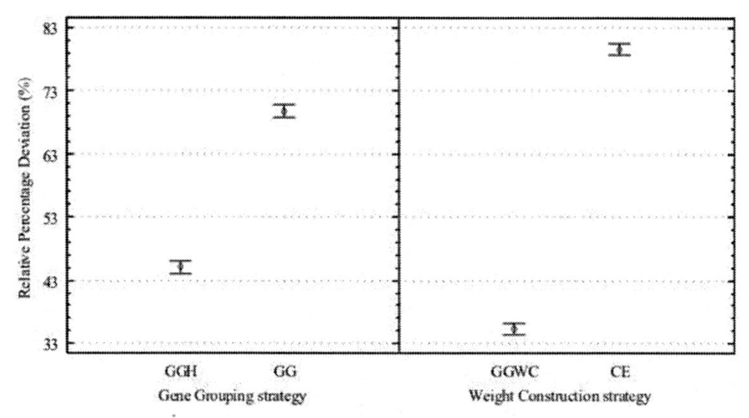

图 5.4　随机实例上的组件的 95% Tukey HSD 置信区间均图

5.6.2 结果对比

为了评估所提的 WGGL 模型的性能,我们将其与 GL 和 SGL 模型在三个经常研究的公开基因表达数据集:白血病,脑癌和卵巢癌上进行比较。在比较之前,将三种对比数据进行预处理和标准化。

白血病数据集 7129 个基因表达谱,47 个急性淋巴细胞白血病样本 (ALL) 和 25 个急性髓细胞性白血病 (AML) 样本[16,217]。根据文献[16,217],我们使用阈值 100 和上限 16000 对该数据集进行预处理。预处理后,数据集含有 3571 个基因。我们将 47 个样本的标签设置为 0,25 个 AML 样本的标签设置为 1。为了综合评估 WGGL 模型的性能,从预处理后的白血病数据集中随机选择含有 1000、1500 和 2000 三种数据:Leukemia_1,Leukemia_2和 Leukemia_3。

脑癌数据集 包含 12625 个基因和 50 个胶质瘤样本:28 个胶质母细胞瘤样本和 22 间变性少突胶质瘤样本[237]。预处理后,数据保留了 4139 个基因。将

28 个胶质母细胞瘤样本标记为 0 ，22 间变性少突胶质瘤样本标记为 1。类似于白血病数据,从预处理后的脑癌数据集中随机选出含有 1000,1500 和 2000 个基因的三种数据：$Brain_1$，$Brain_2$和 $Brain_3$。

表 5.1　GGH 在不同数据集上获得的组数

Dataset	$Leukemia_1$		$Leukemia_2$		$Leukemia_3$		Leukemia	
	ALL	AML	ALL	AML	ALL	AML	ALL	AML
Groups	7	10	9	11	9	12	10	17
Dataset	$Brain_1$		$Brain_2$		$Brain_3$		Brain	
	GLI	OLI	GLI	OLI	GLI	OLI	GLI	OLI
Groups	7	7	9	10	10	12	16	24
Dataset	$Ovarian_1$		$Ovarian_2$		$Ovarian_3$		Ovarian	
	SEN	RES	SEN	RES	SEN	RES	SEN	RES
Groups	10	10	11	10	11	13	16	16

卵巢癌数据集包含 54675 个基因表达谱,基于 12 个来自抗药性人群的癌症样本和 16 个来自敏感人群的癌症样本[238]。基因表达原始数据文件可见 NCBI 基因表达综合数据库（GEO 登记号为 GSE51373)。经过对原始数据的预处理后,选择了 3228 个重要基因。设 16 个敏感人群癌症样本为 0,12 个抗药性人群癌症样本为 1。类似于以上两种情况,从预处理后的卵巢癌数据集中随机选择含有 1000,1500 和 2000 个基因的三种数据：$Ovarian_1$，$Ovarian_2$和 O-$varian_3$。

针对白血病数据集中的急性淋巴细胞白血病（ALL）样本数据和急性髓细胞白血病（AML）样本数据,构建加权基因共表达网络。这也适用于脑癌数据集中的胶质母细胞瘤（GLI）样本数据和间变性少突胶质瘤（OLI）样本数据,以及卵巢癌数据集中的敏感人群（SEN）样本数据和耐药人群（RES）样本数据。通过 GGH 将所有数据集分为不同的组,如表 5.1 所示。

在上述预处理后的数据上对比 WGGL 与 GL 和 SGL。由于样本是随机选择的,为了避免实验偶然性,在每个数据集上进行十次重复实验。我们采用了两个常用的癌症分类性能评价指标,10 次重复的平均误分类误差（AME）和平均基因选择数目(ANGS)来评估。实验结果如表 5.2 所示。

从表格 5.2 可见，在所有数据上，WGGL 获得的 AMEs 和 ANGs 明显小于 SGL 和 GL。例如，在白血病数据集上，WGGL 的平均 AME 为 0.110，明显小于 SGL 和 GL，其 AME 分别为 0.128 和 0.176。在四个白血病数据上，WGGL 的较低的 AME 值表明了 WGGL 在三个模型中具有最佳分类性能。此外，在四个数据上的三个模型中，WGGL 获得了最小的 ANGs。在 $Leukemia_2$数据上，WGGL 和 SGL 获得同样的 AME，但是 WGGL 只使用了 26.4 个 ANGS，然而 SGL 需要 35.9 个 ANGS。即相对于 SGL 和 GL 模型来说，WGGL 可以获得较好的分类性能和基因选择性能。

表 5.2　三种模型在不同数据集上的实验结果

Index	Dataset	GL	SGL	WGGL
AME	$Leukemia_1$	0.155	0.117	0.097
	$Leukemia_2$	0.168	0.114	0.114
	$Leukemia_3$	0.183	0.133	0.108
	Leukemia	0.196	0.146	0.121
	Average	0.176	0.128	0.110
	$Brain_1$	0.266	0.239	0.161
	$Brain_2$	0.205	0.191	0.103
	$Brain_3$	0.232	0.224	0.153
	Brain	0.302	0.276	0.198
	Average	0.251	0.233	0.154
	$Ovarian_1$	0.183	0.202	0.129
	$Ovarian_2$	0.193	0.187	0.138
	$Ovarian_3$	0.230	0.212	0.147
	Ovarian	0.246	0.226	0.180
	Average	0.213	0.207	0.149

续表

ANGS	$Leukemia_1$	34.5	26.7	19.8
	$Leukemia_2$	39.7	35.9	26.4
	$Leukemia_3$	48.3	46.5	32.9
	Leukemia	63.6	52.8	42.6
	$Brain_1$	23.4	30.7	16.4
	$Brain_2$	43.4	32.8	24.2
	$Brain_3$	49.2	39.4	33.8
	Brain	67.3	54.2	35.7
	$Ovarian_1$	38.9	25.6	22.6
	$Ovarian_2$	44.3	34.8	25.7
	$Ovarian_3$	48.9	37.3	35.2
	Ovarian	58.8	49.5	39.6

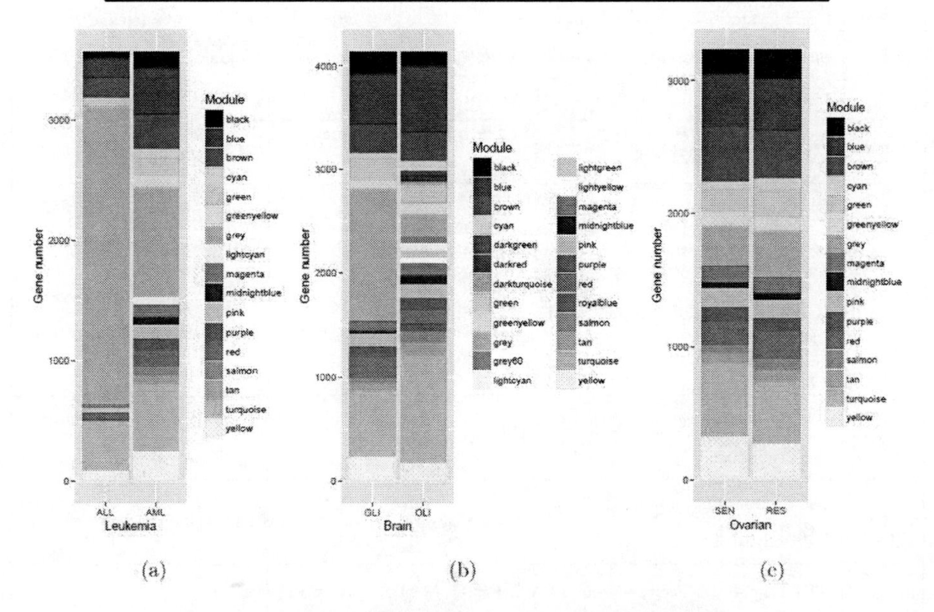

图 5.5　GGH 从三组癌症数据中识别出的网络模块的结果

GL、SGL 和 WGGL 三个模型在白血病数据集中选择的前 10 个重要基因的详细信息如表 5.3 所示。从表 5.3 中可看出每个模型识别的基因中存在共同的具有生物学意义的基因。生物学实验结果证明，一些频繁选择的基因集中包含的基因大多与肿瘤发生或肿瘤组织发生有关。例如，WGGL 最常选择的基因集包含基因胱抑素 C(CST3) 和髓过氧化物酶 (MPO)，其被实验证明与急性髓细胞白血病有关。CST3 基因位于细胞外，具有侵袭人胶质母细胞瘤细胞的作用。CST3 的降低可能与肿瘤细胞在软脑膜组织中的转移和扩散有关[239]。Matsuo 等人[240]认为 MPO 阳性细胞百分率是预测 AML 患者预后最简单、最有用的因素。基因 CST3，MPO，PTX3 和 IGL 被选择在 AMLNet 的灰色模块中。基因 CST3，MPO，IGL，MEF2C 和 KIT 包含在 ALLNet 的蓝色模块中。从不同的组中选择了基因 DF，IGB，TCL1 和 PYGL。特别要注意的是，基因组 CST3、MPO 和 IGL 与白血病的发生高度相关。因此，与其他两个模型相比，WGGL 能频繁地选择出更重要的基因。

表 5.3　三个模型从白血病数据集中选出的前十个重要基因

Rank	Gene description		
	WGGL	SGL	GL
1	CST3 cystatin C (amyloid angiopathy and cerebral hemorrhage)	ADA adenosine deaminase	RNS2 ribonuclease 2 (eosinophil-derived neurotoxin; EDN)
2	MPO myeloperoxidase	TTF mRNA for small G protein	MB-1 gene
3	DF D component of complement (adipsin)	MPO myeloperoxidase	IGL immunoglobulin lambda light chain
4	IGB immunoglobulinassociated beta (B29	IGHM immunoglobulin mu	KIT V-kit HardyZuckerman 4 feline sarcoma viral oncogene homolog
5	PTX3 pentaxin-related gene, rapidly induced by IL-1 beta	LYZ lysozyme	CFD complement factor D (adipsin)
6	IGL immunoglobulin lambda light chain	PR264 gene	CD19 gene
7	TCL1 gene (T cell leukemia) extracted from H. sapiens mRNA for Tcell leukemia/lymphoma 1	MEF2C MADS box transcription enhancer factor 2, polypeptide C (myocyte enhancer factor 2C)	IGB immunoglobulin-associated beta (B29)
8	PYGL glycogen phosphorylase L (liver form)	RNS2 ribonuclease 2 (eosinophil-derived neurotoxin; EDN)	IGHM immunoglobulin mu

续表

Rank	Gene description		
	WGGL	SGL	GL
9	MEF2C MADS box transcription enhancer factor 2, polypeptide C (myocyte enhancer factor 2C)	IGBimmunoglobulin-associated beta (B29)	MEF2C MADS box transcription enhancer factor 2, polypeptide C (myocyte enhancer factor 2C)
10	KIT V-kit HardyZuckerman 4 feline sarcoma viral oncogene homolog	IGL immunoglobulin lamb da light chai	MANB mannosidase alpha-B (lysosomal)

表 5.4 给出了三个模型在脑癌数据集上所选择的前 10 个重要基因的具体信息。类似于白血病数据集，我们观察到 WGGL 最常选择的基因是磷脂酰肌醇蛋白聚糖（GPC1）和蛋白酪氨酸磷酸酶、受体类型、zeta 多肽（PTPRZ）基因。这些基因是 WGGL 模型中所选基因的排名前两位的重要基因，它们与脑癌高度相关。例如，胶质母细胞瘤组织中多种蛋白多糖核心蛋白及相关酶的表达与正常脑组织相比存在差异。这些基因（包含基因 GPC1 和 PTPRZ[241]）促进肿瘤细胞侵袭或肿瘤发展。WGGL 所选基因中排序第一的是 GPC1，其中基因功能与文献[242]中得到的结果一致。据报道，GPC1 在肿瘤细胞或肿瘤相关内皮细胞上的表达增加与 RTK 信号的改变和促进脑、乳腺和胰腺癌的发生有关。特别地，基因 GPC1，PTPRZ 和 PTCH 与脑癌高度相关。

表 5.5 展示了三种模型在卵巢癌数据集上所选择的排名前 10 的重要基因的详细信息。可得到 WGGL 频繁选择的基因包含胰岛素样生长因子 1（IGF1）、胰岛素样生长因子 2（IGF2）以及胰岛素受体（INSR）。WGGL 频繁所选排序第一的基因为胰岛素样生长因子 1（IGF1）。Koti 等人[238]指出了 IGF1 可能是卵巢癌内源性化疗耐药的重要信号通路之一。一些基因经常被 WGGL 选择，而其他两个模型却没有选择到这些基因。与 SGL 和 GL 相比，WGGL 选择的基因与卵巢癌分类更相关。例如，基因 CDKN2C 和 NGFRAP1 不如 IGF1 基因重要[238]。然而，WGGL 筛选的位于同一组的基因 IGF1 和 IGFBP3 与卵巢癌高度相关。

表 5.4 三个模型从脑癌数据集中选出的前十个重要基因

Rank	Gene description		
	WGGL	SGL	GL
1	GPC1 human mRNA for heparan sulfate proteaglycan (glypican)	PAGA H. sapiens mRNA for tetranectin (plasminogen-binding protein)	SH3 domain-containing protein SH3P17 mRNA
2	PTPRZ protein tyrosine phosphatase, receptortype, zeta polypeptide	PTCH patched (Drosophila) homolo	PKD2 autosomal dominant polycystickidney disease type Ⅱ
3	N-MYC oncogene protein mRNA	HMG2 high-mobility group (nonhistone chromosomal) protein 2	CENPB centromere protein B (80kD)
4	GCSH glycine cleavage system proteinH (aminomethyl carrier)	CSNK1D human casein kinase I delta mRNA	HMG2 high-mobility group (nonhistone chromosomal) protein 2
5	PTCH patched (Drosophila) homolog	GUSB human betaglucuronidase mRN	ORF mRNA
6	PKD2 autosomal dominant polycystic kidney disease type Ⅱ	PTPRZ protein tyrosine phosphatase, receptortype, zeta polypeptide	PAGA H. sapiens mRNA for tetranectin (plasminogen-binding protein)
7	RBP1 cellular retinolbinding protein mRNA	MHC class I region proline rich protein mRNA	KIAA0115 gene
8	APXL apical protein (Xenopus laevis-like)	KIAA0045 gene	PTCH patched (Drosophila) homolog
9	HMG2 high-mobility group (nonhistone chromosomal) protein	GPC1 human mRNA for heparan sulfate proteaglycan (glypican)	MHC class I region proline rich protein mRNA
10	ADM homo sapiens mRNA for adrenomedullin precursor	DLX7 distal-less home obox 7	GPC1 human mRNA for heparan sulfate proteaglycan (glypican)

表 5.5　三个模型从卵巢癌数据集中选出的前十个重要基因

Rank	Gene description		
	WGGL	SGL	GL
1	IGF1 insulin-like growth factor 1 (somatomedin C)	CDKN2C cyclin-dependent kinase inhibitor 2C (p18, inhibits CDK4)	IGLC1 immunoglobulin lambda constant 1 (Mcg marker)
2	MYC v-myc avian myelocytom-atosis viral oncogene homolog	IGLV1-44 immunoglobulin lambda variable 1—44	NGFRAP1 nerve growth factor receptor (TNFRSF16) associated-protein
3	IGF2 insulin-like growth factor 2 (somatomedin A)	GBP1 guanylate binding protein 1, interfer-oninduc-ible	IGKC immunoglobulin kappa constant
4	ZFP36 ring finger protein	IGF2 insulin-like growth factor 2 (somatomedin A)	MRI1 methylthioribose-1-phosphate isomerase 1
5	NFKBIA nuclear factor of kappa light polypeptide gene enhancer in B-cells inhibitor, alpha	IGJ immunoglobulin J poly-peptide, linker protein for immunoglobulin alpha and mu polypeptides	IGFBP3 insulin-like growth factor binding pro-tein 3
6	INSR insulin receptor	IGKC immunoglobulin kap-paconstant	GJB2 gap junction pro-tein, beta 2, 26kDa
7	PLP2 proteolipid protein 2 (co-lonic epitheliumenriched)	NGFRAP1 nerve growth factor receptor (TNFRSF16) associated protein 1	IGF2 insulin-like growth factor 2 (somatomedin A)
8	IGFBP3 insulin-like growth fac-tor binding protein 3	GUSBP11 glucuronidase, beta pseudogene 11	INSR insulin receptor
9	PSMB9 proteasome (prosome, macropain) subunit, beta type, 9	IGFBP3 insulin-like growth factor binding protein 3	APLP2 amyloid beta (A4) precursor-like protein 2
10	OAT ornithine aminotransferase	OAT ornithine ami-no-transferas	INHBA inhibin, beta A

5.7 本章小结

在本章节中,提出了加权广义组 Lasso 模型,并将其应用于癌症分类中的基因选择问题,最终也提出了相应的求解算法。将基于网络的系统生物学方法引入构造的稀疏组 Lasso 模型中。权重基因共表达网络分析被用于识别癌症数据的网络模块,因此其可被用来将基因分组。通过信息论中的联合互信息度量构造了具有明显生物学意义的基因权重和基因组的权重。在几种基准数据集上的实验结果表明,所提出的加权广义组 Lasso 模型和算法比现有模型更适合于癌症分类和基因选择。

第 6 章　总结与展望

本书主要研究基于信息度量的高维数据特征选择模型和方法。高维数据的特征选择问题可广泛应用于模式识别、机器学习、数据挖掘、生物信息学以及自然语言处理等领域。通过针对不同问题的特征选择，提出相应的特征选择模型和方法。针对高维数据的回归和二分类问题，通过构造成对特征相关权重和特征权重策略，提出了一种可以从特征中推测出特征间的局部结构信息，并能自适应地选择成组的重要特征的自适应结构稀疏回归模型。针对高维数据的多分类问题，通过结合监督聚类算法、自适应稀疏组 Lasso 惩罚以及多类逻辑似然函数，提出了一种具有自适应组 Lasso 惩罚的多项式回归模型，并发展其相应的求解算法。针对高维数据的二分类和多分类中的特征选择问题，将类标签信息引入对特征之间的相似性测量中，提出一种新的基于条件互信息的监督相似性度量方法。最终提出了一种最大相关性与最小监督冗余的特征评估准则。针对癌症基因表达数据的二分类问题，通过结合癌症数据的基因分组算法和加权组 Lasso 惩罚，提出了在分类的同时能自动进行自适应成组基因选择的加权组 Lasso 模型，并发展其相应的求解算法。详细工作总结如下：

6.1 本书的主要工作

(1) 高维数据通常包含许多重要的相关结构，这些结构通常有助于提高预测性能。此外，高维数据通常也包含许多噪声特征。因此，从高维数据中挖掘重要的相关特征结构和去除噪声特征都是具有挑战性的问题。基于互信息和联合互信息，提出了成对特征相关权重和特征权重的两种权重构造策略。基于构造的两种权重，进而提出了一种自适应结构稀疏回归模型，该模型能够从特征中推测出特征间的局部结构信息，并能自适应地选择成组的重要特征。所提模型不仅可以很好地解决高维数据的回归问题，也可以有效地解决高维数据的二分类问题。

（2）解决高维数据的多分类问题的理想方法是能够在多分类的同时能自动进行自适应组特征选择。如果一些特征彼此高度相关，并且与类标签相关联，那么我们希望对与该特征子集相对应的系数执行较小的收缩。若能提出一种能将具有相似预测性能的特征分组的聚类方法，然后使用这些分组的特征就可以更精确地执行分类。另一点是基于这些特征组，提出一种基于互信息和条件互信息的特征组和组内特征权重策略，并将其引入稀疏组 Lasso 惩罚中，进而得到一种新型的自适应组稀疏模型。此算法不仅可以很好地应用到具有癌症基因表达数据的关键基因选择和癌症预测中，也可以很好地应用到文本分类以及人脸识别中去。

（3）基于信息论的特征选择的理想方法是在原始特征集合中寻找一个更精确有效的特征子集来进行建模，提高分类性能。所提的特征选择方法不仅能选择与类标签有高相关度的特征，而且能有效地降低特征子集中的冗余性，从而能够被有效地应用到高维数据的特征选择和分类中。可以类标签信息引入对特征之间的相似性测量中，提出一种新的基于条件互信息的监督相似性度量，进而提出最大相关性与最小监督冗余的特征评估准则。该准则的目的是通过对特征相关性和冗余性的分析，从原始特征集合中寻找一个更精确有效的特征子集来进行建模，提高分类性能。所提的特征选择方法不仅能选择与类标签有高相关度的特征，而且能有效地降低特征子集中的冗余性，从而能够被有效地应用到高维数据的特征选择和分类中。

（4）高维数据的基因选择问题是生物信息挖掘过程中的一个重要组成部分，也是近年来数据挖掘领域的研究热点。针对癌症基因表达数据的二分类问题，首先根据癌症数据分为正、负两个数据集，分别构建出其对应的加权基因共表达网络并识别出重要网络模块。其次利用的信息论中的联合互信息仅仅依赖数据的分布而不是数据的真实值的优势分别构造基因组和基因权重，此类权重可以被更好地评估基因和组的重要性且具有很好的生物可解释性。结合以上的分组方法和权重构造方法，提出一个加权广义组 Lasso 模型，并发展其相应的求解算法。

6.2 未来研究展望

尽管本书针对不同的研究领域下提出了不同的特征选择模型，但是未来还有一些问题值得进一步研究：

(1) 如何有效地获得最优特征子集对于复杂的特征选择优化过程至关重要。换句话说，期望获得具有更少的计算时间（预测速度）的高质量特征子集(预测精度)，该计算时间由稀疏学习模型（损失项和惩罚项）和模型算法确定。

(2) 挖掘和利用先验信息或实际场景知识对于提高分类精度和特征选择的分类速度很重要。现有的大多数稀疏学习模型都将先验信息引入惩罚函数，集成不同的惩罚函数或将其扩展到其他回归模型。仍然有必要开发新的稀疏学习模型，将先验信息或先验知识整合到新应用的损失项或惩罚项中。

(3) 由于特征系数对数据集中的噪声或异常值非常敏感，因此自适应选择重要特征对于分类精度和速度都具有挑战性。尽管现有某些文献针对某些情况提出了一些自适应稀疏学习模型，但还是希望对不同的系数进行加权，以尝试减少新应用的无关特征，即如何选择合适的权重来构建针对特定应用的模型是有意义的。另外，目前的文献尚未研究具有自适应权重的稀疏重叠组 Lasso 模型。

(4) 目前高维数据挖掘的研究越来越强调多学科的交叉，我们也针对生物信息学中癌症分类问题利用数据挖掘中特征选择模型展开研究。但如何更好地利用现有的数据挖掘算法解决其他的学科的问题，同时利用已有的规律和模式进一步指导其他学科的研究工作都是非常有价值的研究。

参考文献

[1] Verleysen M. Learning high-dimensional data[J]. Nato Science Series Sub Series III Computer And Systems Sciences, 2003:141—162.

[2] Guo Q, Zhang M. Implement web learning environment based on data mining[J]. KnowledgeBased Systems, 2009, 22(6):439—442.

[3] Hastie T, Tibshirani R, Friedman J, et al. The elements of statistical learning: data mining, inference and prediction[J]. The Mathematical Intelligencer, 2005, 27(2):83—85.

[4] Guyon I, Elisseeff A. An introduction to variable and feature selection[J]. Journal of Machine Learning Research, 2003, 3(6):1157—1182.

[5] Yu L, Liu H. Eficient feature selection via analysis of relevance and redundancy[J]. Journal of Machine Learning Research, 2004, 5(12):1205—1224.

[6] Liu H, Yu L. Toward integrating feature selection algorithms for classification and clustering[J]. IEEE Transactions on Knowledge and Data Engineering, 2005, 17(4):491—502.

[7] Peng H, Long F, Ding C. Feature selection based on mutual information criteria of maxdependency, max-relevance, and min-redundancy[J]. IEEE Transactions on Knowledge and Data Engineering, 2005, 27(8):1226—1238.

[8] Saeys Y, Inza I, Larranaga P. A review of feature selection techniques in bioinformatics[J]. Bioinformatics, 2007, 23(19):2507—2517.

[9] Freeman C, Kulic D, Basir O. An evaluation of classifier-specific filter measure performance for feature selection[J]. Pattern Recognition, 2015,

48(5):1812—1826.

[10] Blum A L, Rivest R L. Training a 3-node neural networks is NP-complete[J]. Neural Networks, 1992, 5:117—127.

[11] Kohavi R, John G H. Wrappers for feature subset selection[J]. Artificial Intelligence, 1997, 97(1—2):273—324.

[12] Vincent M, Hansen N R. Sparse group lasso and high dimensional multinomial classification[J]. Computational Statistics and Data Analysis, 2014, 71(1):771—786.

[13] Kira K, Rendell L A. The feature selection problem: traditional methods and a new algorithm[C]. In: Tenth National Conference on Artificial Intelligence. 1992. 129—134.

[14] Lin T H, Li H T, Tsai K C. Implementing the Fisher's discriminant ratio in a k-means clustering algorithm for feature selection and data set trimming[J]. Journal of Chemical Information & Computer Sciences, 2004, 44(1):76—87.

[15] Battiti R. Using mutual information for selecting features in supervised neural net learning[J]. IEEE Transactions on Neural Networks, 1994, 5(4):537—550.

[16] Guyon I, Jason W, Stephen B, et al. Gene selection for cancer slassification using support vector machines[J]. Machine Learning, 2002, 46(1—3):389—422.

[17] GKhan J, et al. Classification and diagnostic prediction of cancers using gene expression profiling and artificial neural networks[J]. Nature Medicine, 2001, 7(6):673—679.

[18] Simon N, Friedman J, Hastie T, et al. A sparse-group Lasso[J]. Journal of Computational and Graphical Statistics, 2013, 22(2):231—245.

[19] Dash M, Liu H. Feature selection for classification[J]. Intelligent Data Analysis, 1997, 3(1):131—156.

[20] John G H, Kohavi R, Pfleger K. Irrelevant features and the subset selection problem[J]. Machine Learning Proceedings, 1994:121—129.

[21] Blum A L, Langley P. Selection of relevant features and examples in machine learning[J]. Artificial Intelligence, 1997, 97(1—2):245—271.

[22] Rivals I, Personnaz L. MLPs (mono-layer polynomials and multi-layer perceptrons) for nonlinear modeling[J]. Journal of Machine Learning Research, 2003, 3(7/8):1383—1398.

[23] Robnik, Ikonja M, Kononenko I. Theoretical and empirical analysis of reliefF and rreliefF[J]. Machine Learning, 2003, 53(1—2):23—69.

[24] Sebban M, Nock R. A hybrid filter/wrapper approach of feature selection using information theory[J]. Pattern Recognition, 2002, 35(4):835—846.

[25] Hesterberg T, Choi N H, Meier L, et al. Least angle andL_1 regression: A review[J]. Statistics Surveys, 2008, 2:61—93.

[26] Gui J, Sun Z, Ji S, et al. Feature selection based on structured sparsity: A comprehensive study[J]. IEEE Transactions on Neural Networks and Learning Systems, 2017, 28(7):1490—1507.

[27] Tibshirani R. Regression shrinkage and selection via the Lasso[J]. Journal of the Royal Statistical Society, 1996, 58(1):267—288.

[28] Bühlmann P L, van de Geer S. Statistics for High-Dimensional Data: Method, Theory and Applications[M]. Heidelberg: Springer, 2011.

[29] Liu J, Cui L, Liu Z. Survey on the regularized sparse models[J]. Chinese Journal of Computers, 2015, 38(7):1307—1325.

[30] Frank I, Friedman J. A statistical view of some chemometrics regression tools[J]. Technometrics, 1993, 37(4):109—148.

[31] Zhao P, Yu B. On model selection consistency of Lasso[J]. Journal of Machine Learning Research, 2006, 7(12):2541—2563.

[32] Meinshausen N, Buhlmann P. High dimensional graphs and variable selection with the Lasso[J]. Annals of Statistics, 2006, 34(3):1436—1462.

[33] Xu J, Ying Z. Simultaneous estimation and variable selection in median regression using Lassotype penalty[J]. Annals of the Institute of Statistical Mathematics, 2010, 62(3):487—514.

[34] Seunghak L, Görnitz N, Xing E. Ensembles of Lasso screening rules[J]. IEEE Transactions on Pattern Analysis and Machine Intelligence, 2017, 40(12):2841—2852.

[35] Fan J, Li R. Variable selection via nonconcave penalized likelihood and its oracle properties[J]. Journal of the American Statistical Association, 2001, 96(456):1348—1360.

[36] Zou H. The adaptive Lasso and its oracle properties[J]. Journal of the American Statistical Association, 2006, 101(476):1418—1429.

[37] Meinshausen N. Relaxed lasso[J]. Computational Statistics and Data Analysis, 2007, 52(1):374—393.

[38] Candes E, Tao T, et al. The Dantzig selector: Statistical estimation when p is much larger than n[J]. The annals of Statistics, 2007, 35(6): 2313—2351.

[39] Wang H, Li G, Jiang G. Robust regression shrinkage and consistent variable selection through the LAD-Lasso[J]. Journal of Business and Economic Statistics, 2007, 25(3):347—355.

[40] Zhang C. Nearly unbiased variable selection under minimax concave penalty[J]. The Annals of statistics, 2010, 38(2):894—942.

[41] Belloni A, Wang L. Square-root Lasso: pivotal recovery of sparse signals via conic programming[J]. Biometrika, 2011, 98(4):791—806.

[42] Chen S B, Ding C, et al. Uncorrelated lasso[C]. In: Twenty-seventh AAAI conference on artificial intelligence. 2013. 166—172.

[43] Buhlmann P, Meier L. Discussion: one-step sparse estimates in nonconcave penalized likeli-hood models[J]. Annals of Statistics, 2008, 36(4):1534—1541.

[44] Kim Y, Choi H, Oh H S. Smoothly clipped absolute deviation on high dimensions[J]. Journal of the American Statistical Association, 2008, 103(484):1665—1673.

[45] Lin Z, Xiang Y, Zhang C. Adaptive Lasso in high-dimensional settings[J]. Journal of Nonparametric Statistics, 2009, 21(6):683—696.

[46] Fan J, Peng H, et al. Nonconcave penalized likelihood with a diverging number of parameters[J]. The Annals of Statistics, 2004, 32(3): 928−961.

[47] Yuan M, Lin Y. Model selection and estimation in the Gaussian graphical model[J]. Biometrika, 2007, 94(1):19−35.

[48] Bickel P J, Ritov Y, Tsybakov A B. Simultaneous analysis of Lasso and Dantzig selector[J]. The Annals of Statistics, 2009, 37(4):1705−1732.

[49] Asif M S, Romberg J. On the lasso and dantzig selector equivalence [C]. In: 2010 44th Annual Conference on Information Sciences and Systems (CISS). 2010. 1−6.

[50] Arslan O. Weighted LAD-LASSO method for robust parameter estimation and variable selection in regression[J]. Computational Statistics and Data Analysis, 2012, 56(6):1952−1965.

[51] Gao X, Huang J. Asymptotic analysis of high-dimensional LAD regression with LASSO[J]. Statistica Sinica, 2010, 20(4):1485−1506.

[52] Breheny P, Huang J. Coordinate descent algorithms for nonconvex penalized regression, with applications to biological feature selection[J]. The Annals of Applied Statistics, 2011, 5(1):232−253.

[53] Owen A. A robust hybrid of Lasso and ridge regression[J]. in Prediction and Discovery, Providence, RI, USA: AMS, 2007, 443:59−71.

[54] Sun T, Zhang C H. Scaled sparse linear regression[J]. Biometrika, 2012, 99(4):879−898.

[55] Takada M, Suzuki T, Fujisawa H. Independently Interpretable Lasso: A new regularizer for sparse regression with uncorrelated variables [C]. In: Proceedings of the Twenty-First International Conference on Artificial Intelligence and Statistics. 2013. 454−463.

[56] Jiang B, Ding C, Luo B. Covariate-correlated lasso for feature selection[C]. In: Joint European Conference on Machine Learning and Knowledge Discovery in Databases. 2014. 595−606.

[57] Zhang Z, Tian Y, Bai L, et al. High-order covariate interacted Las-

so for feature selection[J]. Pattern Recognition Letters，2017，87:139－146.

[58] Fan J，Lv J. A selective overview of variable selection in high-dimensional feature space[J]. Statistica Sinica，2009，20(1):101－148.

[59] Gasso G，Rakotomamonjy A，Canu S. Recovering sparse signals with a certain family of nonconvex penalties and DC programming[J]. IEEE Transactions on Signal Processing，2009，57(12):4686－4698.

[60] Li F，Yang Y，Xing E P. From lasso regression to feature vector machine[C]. In：Advances in Neural Information Processing Systems. 2006. 779－786.

[61] Ravikumar P，Lafferty J，Liu H，et al. Sparse additive models[J]. Journal of the Royal Statistical Society：Series B (Statistical Methodology)，2009，71(5):1009－1030.

[62] Yamada M，Jitkrittum W，Sigal L，et al. High-dimensional feature selection by feature-wise kernelized lasso[J]. Neural Computation，2014，26(1):185－207.

[63] Tibshirani R. The lasso method for variable selection in the Cox model[J]. Statistics In Medicine，1997，16(4):385－395.

[64] Friedman J，Hastie T，Tibshirani R. Regularization paths for generalized linear models via coordinate descent[J]. Journal of Statistical Software，2010，33(1):1－22.

[65] Liang Y，Liu C，Luan X Z，et al. Sparse logistic regression with $aL_{1/2}$ penalty for gene selection in cancer classification[J]. BMC bioinformatics，2013，14(1):198.

[66] Roth V. The generalized LASSO[J]. IEEE Transactions on Neural Networks，2004,15(1):16－28.

[67] Scholkopf B，Smola A J. Learning with kernels[M]. MIT press，Cambridge，MA，2002.

[68] Liu H，Wasserman L，Lafferty J D. Nonparametric regression and classification with joint sparsity constraints[C]. In：Advances in neural information processing systems. 2009. 969－976.

[69] Raskutti G, Wainwright M J, Yu B. Minimax-optimal rates for sparse additive models over kernel classes via convex programming[J]. Journal of Machine Learning Research, 2012, 13(Feb):389—427.

[70] Bach F R. Exploring large feature spaces with hierarchical multiple kernel learning[C]. In: Advances in neural information processing systems. 2009. 105—112.

[71] Krishnapuram B, Carin L, Figueiredo M A, et al. Sparse multinomial logistic regression: fast algorithms and generalization bounds[J]. IEEE Transactions on Pattern Analysis and Machine Intelligence, 2005, 27(6):957.

[72] Tian G L, Tang M L, Fang H B, et al. Efficient methods for estimating constrained parameters with applications to regularized (lasso) logistic regression[J]. Computational Statistics and Data Analysis, 2008, 52(7): 3528—3542.

[73] Adeli E, Li X, Kwon D, et al. Logistic regression confined by cardinality-constrained sample and feature selection[J]. IEEE Transactions on Pattern Analysis and Machine Intelligence, 2020, 42(7):1713—1728.

[74] Cox D R. Regression models and life-tables[J]. Journal of the Royal Statistical Society: Series B (Methodological), 1972, 34(2):187—202.

[75] Gui J, Li H. Penalized Cox regression analysis in the high-dimensional and low-sample size settings, with applications to microarray gene expression data[J]. Bioinformatics, 2005, 21(13):3001—3008.

[76] Nelder J A, Wedderburn R W M. Generalized Linear Models[J]. Journal of the Royal Statistical Society, 1972, 135(3):370—384.

[77] Zongben X U, Zhang H, et al. $L_{1/2}$ regularization[J]. Science China Information Sciences, 2010, 53(6):1159—1169.

[78] Shevade S K, Keerthi S S. A simple and efficient algorithm for gene selection using sparse logistic regression[J]. Bioinformatics, 2003, 19(17): 2246—2253.

[79] Yamada M, Tang J, et al. Ultra high-dimensional nonlinear feature selection for big biological data[J]. IEEE Transactions on Knowledge and Da-

ta Engineering, 2018, 30(7):1352—1365.

[80] Jia J, Xie F, Xu L, et al. Sparse Poisson regression with penalized weighted score function[J]. Electronic Journal of Statistics, 2019, 13(2): 2898—2920.

[81] Zou H, Hastie T. Regularization and variable selection via the elastic net[J]. Journal of the Royal Statistical Society: Series B (Statistical Methodology), 2005, 67(2):301—320.

[82] Zou H, Zhang H H. On the adaptive elastic-net with a diverging number of parameters[J]. Annals of Statistics, 2009, 37(4):1733—1751.

[83] Lorbert A, Eis D, Kostina V, et al. Exploiting covariate similarity in sparse regression via the pairwise elastic net[C]. In: Proceedings of the Thirteenth International Conference on Artificial Intelligence and Statistics. 2010. 477—484.

[84] Tibshirani R, Saunders M, et al. Sparsity and smoothness via the fused lasso[J]. Journal of the Royal Statistical Society: Series B (Statistical Methodology), 2005, 67(1):91—108.

[85] Bondell H D, Reich B J. Simultaneous regression shrinkage, variable selection, and supervised clustering of predictors with OSCAR[J]. Biometrics, 2008, 64(1):115—123.

[86] Daye Z J, Jeng X J. Shrinkage and model selection with correlated variables via weighted fusion[J]. Computational Statistics and Data Analysis, 2009, 53(4):1284—1298.

[87] Grave E, Obozinski G R, Bach F R. Trace lasso: a trace norm regularization for correlated designs[C]. In: Advances in Neural Information Processing Systems. 2011. 2187—2195.

[88] Sharma D B, Bondell H D, Zhang H H. Consistent group identification and variable selection in regression with correlated predictors[J]. Journal of Computational and Graphical Statistics, 2013, 22(2):319—340.

[89] Choi N H, Li W, Zhu J. Variable selection with the strong heredity constraint and its oracle property[J]. Journal of the American Statistical As-

sociation, 2010, 105(489):354—364.

[90] Witten D M, Shojaie A, Zhang F. The cluster elastic net for high-dimensional regression with unknown variable grouping[J]. Technometrics, 2014, 56(1):112—122.

[91] Xiao N, Xu Q S. Multi-step adaptive elastic-net: reducing false positives in high—dimensional variable selection[J]. Journal of Statistical Computation and Simulation, 2015, 85(18):1—11.

[92] Rinaldo A. Properties and refinements of the fused lasso[J]. The Annals of Statistics, 2009, 37(5B):2922—2952.

[93] She Y. Sparse regression with exact clustering[J]. Electronic Journal of Statistics, 2010, 4:1055—1096.

[94] Zhong L W, Kwok J T. Efficient sparse modeling with automatic feature grouping[J]. IEEE Transactions on Neural Networks and Learning Systems, 2012, 23(9):1436—1447.

[95] Wu L, Wang Y, Pan S. Exploiting attribute correlations: A novel trace lasso-based weakly supervised dictionary learning method[J]. IEEE Transactions on Cybernetics, 2017, 47(12):4497—4508.

[96] Tutz G, Ulbricht J. Penalized regression with correlation-based penalty[J]. Statistics and Computing, 2009, 19(3):239—253.

[97] Bien J, Taylor J, Tibshirani R. A lasso for hierarchical interactions [J]. Annals of Statistics, 2013, 41(3):1111—1141.

[98] Li J, Jia Y, Zhao Z. Partly adaptive elastic net and its application to microarray classification[J]. Neural Computing and Applications, 2013, 22 (6):1193—1200.

[99] Lorbert A, Ramadge P J. The pairwise elastic net support vector machine for automatic fMRI feature selection[C]. In: 2013 IEEE International Conference on Acoustics, Speech and Signal Processing. 2013. 1036—1040.

[100] Liu C, San Wong H. Structured penalized logistic regression for gene selection in gene expression data analysis[J]. IEEE/ACM Transactions on Computational Biology and Bioinformatics, 2019, 16(1):312—321.

[101] Caner M, Zhang H H. Adaptive elastic net for generalized methods of moments[J]. Journal of Business and Economic Statistics, 2014, 32(1): 30—47.

[102] Hoefling H. A path algorithm for the fused lasso signal approximator[J]. Journal of Computational and Graphical Statistics, 2010, 19(4): 984—1006.

[103] Lu C, Feng J, Lin Z, et al. Correlation adaptive subspace segmentation by trace lasso[C]. In: Proceedings of the IEEE International Conference on Computer Vision. 2013. 1345—1352.

[104] Ye J, Liu J. Sparse methods for biomedical data[J]. ACM Sigkdd Explorations Newsletter, 2012, 14(1):4—15.

[105] Yuan M, Lin Y. Model selection and estimation in regression with grouped variables[J]. Journal of the Royal Statistical Society, 2006, 68(1): 49—67.

[106] Simon N, Tibshirani R. Standardization and the group lasso penalty[J]. Statistica Sinica, 2012, 22(3):983—1001.

[107] Bunea F, Lederer J, She Y. The group square-root lasso: Theoretical properties and fast algorithms[J]. IEEE Transactions on Information Theory, 2014, 60(2):1313—1325.

[108] Turlach B A, Venables W N, Wright S J. Simultaneous variable selection[J]. Technometrics, 2005, 47(3):349—363.

[109] Schmidt M, Murphy K, et al. Structure learning in random fields for heart motion abnormality detection[C]. In: 2008 IEEE Conference on Computer Vision and Pattern Recognition. 2008. 23—28.

[110] Quattoni A, Carreras X, Collins M, et al. An efficient projection for$l_{1,\infty}$ regularization[C]. In: 26th International Conference on Machine Learning. 2009. 857—864.

[111] Jacob L, Obozinski G, Vert J. Group Lasso with overlap and graph Lasso[C]. In: 26th International Conference on Machine Learning. 2009. 433—440.

[112] Rao N, Cox C, Nowak R, et al. Sparse overlapping sets Lasso for multitask learning and its application to fMRI analysis[J]. Computer Science, 2013:2202—2210.

[113] Yuan L, Liu J, Ye J. Efficient methods for overlapping group Lasso[J]. IEEE Transactions on Pattern Analysis and Machine Intelligence, 2013, 35(9):2104—2116.

[114] Rao N, Nowak R, Cox C, et al. Classification with the sparse group lasso[J]. IEEE Transactions on Signal Processing, 2016, 64(2):448—463.

[115] Park H, Niida A, Miyano S, et al. Sparse overlapping group lasso for integrative multi-omics analysis[J]. Journal of Computational Biology, 2015, 22(2):73—84.

[116] Wang J, Ye J. Multi-layer feature reduction for tree structured group lasso via hierarchical projection[C]. In: Advances in Neural Information Processing Systems. 2015. 1279—1287.

[117] Seyoung K, Xing E P. Statistical estimation of correlated genome associations to a quantitative trait network[J]. Plos Genetics, 2009, 5(8): e1000587.

[118] Li C, Li H. Network-constrained regularization and variable selection for analysis of genomic data[J]. Bioinformatics, 2008, 24(9):1175—1182.

[119] Li C, Li H. Variable selection and regression analysis for graph-structured covariates with an application to genomics[J]. The Annals of Applied Statistics, 2010, 4(3):1498—1516.

[120] Pan W, Xie B, Shen X. Incorporating predictor network in penalized regression with application to microarray data[J]. Biometrics, 2010, 66(2):474—484.

[121] Yang S, Yuan L, Lai Y C, et al. Feature grouping and selection over an undirected graph[C]. In: Acm Sigkdd International Conference on Knowledge Discovery and Data Mining. 2012. 922—930.

[122] Bach F R. Consistency of the group lasso and multiple kernel learning[J]. Journal of Machine Learning Research, 2008, 9(Jun):1179—1225.

[123] Wang H, Leng C. A note on adaptive group lasso[J]. Computational Statistics and Data Analysis, 2008, 52(12):5277—5286.

[124] Zhao P, Rocha G, Yu B, et al. The composite absolute penalties family for grouped and hierarchical variable selection[J]. The Annals of Statistics, 2009, 37(6A):3468—3497.

[125] Zhang H, Wang J, Sun Z, et al. Feature selection for neural networks using group Lasso regularization[J]. IEEE Transactions on Knowledge and Data Engineering, 2020, 32(4):659—673.

[126] Meier L, van de Geer S, Buhlmann P. The group Lasso for logistic regression[J]. Journal of the Royal Statistical Society: Series B Statistical Methodology, 2008, 70(1):53—71.

[127] Sra S. Fast projections onto mixed-norm balls with applications [J]. Data Mining and Knowledge Discovery, 2012, 25(2):358—377.

[128] Chatterjee S, Steinhaeuser K, Banerjee A, et al. Sparse group Lasso: consistency and climate applications[J]. SIAM International Conference on Data Mining (SDM), 2012:47—58.

[129] Zhu X, Huang Z, Cui J, et al. Video-to-shot tag propagation by graph sparse group Lasso[J]. IEEE Transactions on Multimedia, 2013, 15(3):633—646.

[130] Zhao L, Hu Q, Wang W. Heterogeneous feature selection with multi-modal deep neural networks and sparse group LASSO[J]. IEEE Transactions on Multimedia, 2015, 17(11):1936—1948.

[131] Zhou Y, Han J, Yuan X, et al. Inverse sparse group Lasso model for robust object tracking[J]. IEEE Transactions on Multimedia, 2017, 19(8):1798 — 1810.

[132] Fang K, Wang X, Zhang S, et al. Bi—level variable selection via adaptive sparse group Lasso[J]. Journal of Statistical Computation and Simu-

lation, 2014, 85(13):1—11.

[133] Li J, Dong W, Meng D. Grouped gene selection of cancer via adaptive sparse group lasso based on conditional mutual information[J]. IEEE/ACM Transactions on Computational Biology and Bioinformatics, 2017, 15(6):2028—2038.

[134] Xie Z, Xu Y. Sparse group LASSO based uncertain feature selection[J]. International Journal of Machine Learning and Cybernetics, 2014, 5(2):201—210.

[135] Percival D. Theoretical properties of the overlapping groups Lasso[J]. Electronic Journal of Statistics, 2012, 6(2):269—288.

[136] Li J, Wang Y, Song X, et al. Adaptive multinomial regression with overlapping groups for multi-class classification of lung cancer[J]. Computers in Biology and Medicine, 2018, 100:1—9.

[137] Liu M, Zhang D, et al. Tree-guided sparse coding for brain disease classification[C]. In: International Conference on Medical Image Computing and Computer-Assisted Intervention. 2012. 239—247.

[138] Kim S, Xing E P. Tree-guided group lasso for multi-task regression with structured sparsity. [C]. In: International Conference on Neural Information Processing Systems. 2010. 543—550.

[139] Chung F R, Graham F C. Spectral graph theory[M]. American Mathematical Soc., 1997.

[140] Shang R, Wang W, et al. Non-negative spectral learning and sparse regression-based dualgraph regularized feature selection[J]. IEEE Transactions on Cybernetics, 2018, 48(2):793—806.

[141] Liu C, Zheng C T, Wu S, et al. Multitask Feature Selection by Graph-Clustered Feature Sharing[J]. IEEE Transactions on Cybernetics, 2020, 50(1):74—86.

[142] Gu Q, Han J. Towards feature selection in network[C]. In: Proceedings of the 20th ACM international conference on Information and knowledge management. 2011. 1175—1184.

[143] Kim S, et al. Network-based penalized regression with application to genomic data[J]. Biometrics, 2013, 69(3):582—593.

[144] Rosenbaum P R. Simultaneous supervised clustering and feature selection over a graph[J]. Biometrika, 2012, 99(4):899—914.

[145] Zhu Y, Shen X, Pan W. Simultaneous grouping pursuit and feature selection over an undirected graph[J]. Journal of the American Statistical Association, 2013, 108(502):713—725.

[146] Qian Y, Zhou J, Ye M, et al. Structured sparse model based feature selection and classification for hyperspectral imagery[C]. In: 2011 IEEE International Geoscience and Remote Sensing Symposium. 2011. 1771—1774.

[147] Wang Y, Han K, Wang D. Exploring monaural features for classification-based speech segregation[J]. IEEE Transactions on Audio, Speech, and Language Processing, 2013, 21(2):270—279.

[148] Zhou J, Liu J, Narayan V A, et al. Modeling disease progression via fused sparse group lasso[C]. In: Proceedings of the 18th ACM SIGKDD International Conference on Knowledge Discovery and Data Mining. 2012. 1095—1103.

[149] Wang Y, Li X, Ruiz R. Weighted general group Lasso for gene selection in cancer classification[J]. IEEE Transactions on Cybernetics, 2019, 49(8):2860—2873.

[150] Zhang W, Ota T, et al. Network-based survival analysis reveals subnetwork signatures for predicting outcomes of ovarian cancer treatment [J]. PLoS Computational Biology, 2013, 9(3):e1002975.

[151] Jia K, Chan T H, Ma Y. Robust and practical face recognition via structured sparsity[C]. In: European conference on computer vision. 2012. 331—344.

[152] Yogatama D, Faruqui M, Dyer C, et al. Learning word representations with hierarchical sparse coding[C]. In: International Conference on Machine Learning. 2015. 87—96.

[153] Allwein E L, Schapire R, Singer Y. Reducing multiclass to bina-

ry: a unifying approach for margin classifiers[J]. Journal of Machine Learning Research, 2000(1):113—141.

[154] Lee Y, Lee C. Classification of multiple cancer types by multicategory support vector machines using gene expression data[J]. Bioinformatics, 2003, 19(9):1132—1139.

[155] Wang L, Shen X. Onl$_1$-norm multi-class support vector machineas: methodology and theory[J]. Jornal of the American Statistical Association, 2007, 102(478):583—594.

[156] Hao H Z, Liu Y, Wu Y, et al. Variable selection for the multicategory SVM via adaptive sup-norm regularization[J]. Electronic Journal of Statistics, 2008, 2(3):149—167.

[157] Gadat S, Younes L. A stochastic algorithm for feature selection in pattern recognition [J]. Journal of Machine Learning Research, 2007, 8 (Mar):509—547.

[158] Armanfard N, Reilly J P, Komeili M. Local feature selection for data classification[J]. IEEE Transactions on Pattern Analysis and Machine Intelligence, 2016, 38(6):1217—1227.

[159] Murthy C. Bridging feature selection and extraction: Compound feature generation[J]. IEEE Transactions on Knowledge and Data Engineering, 2017, 29(4):757—770.

[160] Nie F, Yang S, Zhang R, et al. A general framework for auto-weighted feature selection via global redundancy minimization [J]. IEEE Transactions on Image Processing, 2018, 28(5):2428—2438.

[161] Li X, Wang Y, Ruiz R. A survey on sparse learning models for feature selection[J]. IEEE Transactions on Cybernetics, 2020. doi:10.1109/TCYB.2020.2982445.

[162] Duda R O, Hart P E, Stork D G. Pattern classification[M]. John Wiley & Sons, 2012.

[163] Algamal Z Y, Lee M H. Penalized logistic regression with the adaptive LASSO for gene selection in high-dimensional cancer classification[J].

Expert Systems with Applications, 2015, 42(23):9326—9332.

[164] Fan J, Lv J. A selective overview of variable selection in high dimensional feature space[J]. Statistica Sinica, 2010, 20(1):101—148.

[165] Matsui H, Konishi S. Variable selection for functional regression models via theL_1 regularization[J]. Computational Statistics & Data Analysis, 2011, 55(12):3304—3310.

[166] Liu M, Zhang D. Pairwise constraint-guided sparse learning for feature selection[J]. IEEE Transactions on Cybernetics, 2016, 46(1):298—310.

[167] Chen X, Wang Z J, Mckeown M J. Asymptotic analysis of robust LASSOs in the presence of noise With large variance[J]. IEEE Transactions on Information Theory, 2010, 56(10):P. 5131—5149.

[168] Tibshirani R, Saunders M, Rosset S, et al. Sparsity and smoothness via the fused lasso[J]. Journal of the Royal Statistical Society, 2010, 67(1):91—108.

[169] Park H, Shiraishi Y, Imoto S, et al. A novel adaptive penalized logistic regression for uncovering biomarker associated with anti—cancer drug sensitivity[J]. IEEE/ACM Transactions on Computational Biology and Bioinformatics, 2016, 14(4):771—782.

[170] Liao C, Li S, Luo Z. Gene selection using wilcoxon rank sum test and support vector machine for cancer classification[C]. In: International Conference on Computational and Information Science. 2006. 57—66.

[171] Li J, Wang Y, Xiao H, et al. Gene selection of rat hepatocyte proliferation using adaptive sparse group lasso with weighted gene co—expression network analysis[J]. Computational biology and chemistry, 2019, 80:364—373.

[172] Cover T M, Thomas J A. Elements of information theory[M]. New York, NY, USA: Wiley,1991.

[173] Yang H, Moody J. Feature selection based on joint mutual information[C]. In: Proceedings of International ICSC Symposium on Advances in

Intelligent Data Analysis, Rochester, New York. 1999. 22—25.

[174] Yeung R W. A new outlook on shannon's information measures [J]. IEEE Transactions on Information Theory, 1991, 37(3):466—474.

[175] Geyer C J. On the asymptotics of convex stochastic optimization [J]. Technical Report, University of Minnesota, Minneapolis, 1996.

[176] Goutte C, Gaussier E. A probabilistic interpretation of precision, recall and F-score, with implication for evaluation[C]. In: European Conference on Information Retrieval. 2005. 345—359.

[177] Bhattacharjee A, Richards W G, Staunton J, et al. Classification of human lung carcinomas by mRNA expression profiling reveals distinct adenocarcinoma subclasses[J]. Proceedings of the National Academy of Sciences, 2001, 98(24):13790—13795.

[178] Monti S, Tamayo P, Mesirov J, et al. Consensus clustering: a resampling-based method for class discovery and visualization of gene expression microarray data[J]. Machine Learning, 2003, 52(1—2):91—118.

[179] Nag K, Pal N R. A multiobjective genetic programming-based ensemble for simultaneous feature selection and classification [J]. IEEE Transactions on Cybernetics, 2016, 46(2):499—510.

[180] Fong S, Wong R, Vasilakos A. Accelerated PSO swarm search feature selection for data stream mining big data[J]. IEEE Transactions on Services Computing, 2016, 9(1):33—45.

[181] Naghibi T, Hoffmann S, Pfister B. A semidefinite programming based search strategy for feature selection with mutual information measure [J]. IEEE Transactions on Pattern Analysis and Machine Intelligence, 2015, 37(8):1529—1541.

[182] Maji P. Mutual information-based supervised attribute clustering for microarray sample classification[J]. IEEE Transactions on Knowledge and Data Engineering, 2012, 24(1):127—140.

[183] Wang J, Wei J M, Yang Z, et al. Feature selection by maximizing independent classification information[J]. IEEE Transactions on Knowledge

and Data Engineering, 2017, 29(4):828—841.

[184] Brown G, Pocock A, Zhao M J, et al. Conditional likelihood maximisation: A unifying framework for information theoretic feature selection [J]. Journal of Machine Learning Research, 2012, 13(1):27—66.

[185] Sotoca J, Pla F. Supervised feature selection by clustering using conditional mutual information-based distances [J]. Pattern Recognition, 2010, 43(6):2068—2081.

[186] Koller D, Sahami M. Toward optimal feature selection[C]. In: Thirteenth International Conference on International Conference on Machine Learning. 1996. 284—292.

[187] Wang L, Zhu J, Zou H. Hybrid huberized support vector machines for microarray classification and gene selection[J]. Bioinformatics, 2008, 24(3):412—419.

[188] Kyrkou C, Bouganis C S, Theocharides T, et al. Embedded hardware-efficient real-time classification with cascade support vector machines [J]. IEEE Transactions on Neural Networks and Learning Systems, 2016, 27(1):99—112.

[189] Chretien S, Darses S. Sparse recovery with unknown variance: A LASSO-type approach[J]. IEEE Transactions on Information Theory, 2011, 60(7):3970—3988.

[190] Simon N, Friedman J, Hastie T. A blockwise descent algorithm for group-penalized multiresponse and multinomial regression [J]. IEEE Transactions on Information Theory, 2013, 10(2):1—11.

[191] Medvedovic M, Sivaganesan S. Bayesian infinite mixture model based clustering of gene expression profiles[J]. Bioinformatics, 2002, 18(9):1194—1206.

[192] Wang H, Zheng H, Azuaje F. Poisson-based self-organizing feature maps and hierarchical custering for serial analysis of gene expression data [J]. IEEE/ACM Transactions on Computational Biology and Bioinformatics, 2007, 4(2):163—175.

[193] Heyer L, Kruglyak S, Yooseph S. Exploring expression data: identification and analysis of coexpressed genes[J]. IEEE/ACM Transactions on Computational Biology and Bioinformatics, 1999, 9(11):1106—1115.

[194] Li J, Wang Y, Cao Y, et al. Weighted doubly regularized support vector machine and its application to microarray classification with noise[J]. Neurocomputing, 2016, 173:595—605.

[195] Liang M, Hu X. Feature selection in supervised saliency prediction [J]. IEEE transactions on cybernetics, 2015, 45(5):914—926.

[196]Li J, Cheng K, Wang S, et al. Feature selection: A data perspective[J]. ACM Computing Surveys (CSUR), 2018, 50(6):94.

[197]Yu K, Liu L, Li J. A unified view of causal and non-causal feature selection[J]. arXiv preprint arXiv:1802.05844, 2018.

[198] Lee Rodgers J, Nicewander W A. Thirteen ways to look at the correlation coefficient[J]. The American Statistician, 1988, 42(1):59—66.

[199] Lewis D D. Feature selection and feature extraction for text categorization[C]. In: Proceedings of the workshop on Speech and Natural Language. 1992. 212—217.

[200] Vergara J R, Estévez P A. A review of feature selection methods based on mutual information[J]. Neural computing and applications, 2014, 24(1):175—186.

[201] Song Q, Ni J, Wang G. A fast clustering-based feature subset selection algorithm for high-dimensional data[J]. IEEE Transactions on Knowledge and Data Engineering, 2013, 25(1):1—14.

[202] Yang H H, Moody J. Data visualization and feature selection: New algorithms for nongaussian data[C]. In: Advances in Neural Information Processing Systems. 2000. 687—693.

[203] Meyer P E, Schretter C, Bontempi G. Information-theoretic feature selection in microarray data using variable complementarity[J]. IEEE Journal of Selected Topics in Signal Processing, 2008, 2(3):261—274.

[204] Vidal-Naquet M, Ullman S. Object recognition with informative

features and linear classification. [C]. In: ICCV. 2003. 3:281.

[205] Fleuret F. Fast binary feature selection with conditional mutual information[J]. Journal of Machine learning research, 2004, 5(Nov):1531—1555.

[206] Qu G, Hariri S, Yousif M. A new dependency and correlation analysis for features[J]. IEEE Transactions on Knowledge and Data Engineering, 2005, 17(9):1199—1207.

[207] Bennasar M, Hicks Y, Setchi R. Feature selection using joint mutual information maximisation[J]. Expert Systems with Applications, 2015, 42(22):8520—8532.

[208] Che J, Yang Y, Li L, et al. Maximum relevance minimum common redundancy feature selection for nonlinear data[J]. Information Sciences, 2017, 409:68—86.

[209] Lin J. Divergence measures based on the Shannon entropy[J]. IEEE Transactions on Information theory, 1991, 37(1):145—151.

[210] Mitra P, Murthy C, Pal S K. Unsupervised feature selection using feature similarity[J]. IEEE Transactions on Pattern Analysis and Machine Intelligence, 2002, 24(3):301—312.

[211] Gu Q, Li Z, Han J. Generalized Fisher score for feature selection [C]. In: Twenty-Seventh Conference on Uncertainty in Artificial Intelligence. 2011. 266—273.

[212] Vapnik V. The nature of statistical learning theory[M]. Springer, New York, 1995.

[213] Duda R O, Hart P E. Pattern classification and scene analysis[M]. Wiley, 1973.

[214] Kuncheva L I. A stability index for feature selection. [C]. In: Artificial intelligence and applications. 2007. 421—427.

[215] Yu L, Ding C, Loscalzo S. Stable feature selection via dense feature groups[C]. In: Proceedings of the 14th ACM SIGKDD international conference on Knowledge discovery and data mining. 2008. 803—811.

[216] Kuhn H W. The Hungarian method for the assignment problem [J]. Naval research logistics quarterly, 1955, 2(1-2):83-97.

[217] Golub, R. T. Molecular classification of cancer: class discovery and class prediction by gene expression monitoring[J]. Science (Washington D C), 1999, 286(5439):531-537.

[218] Nguyen T, Nahavandi S. Modified AHP for gene selection and cancer classification using type-2 fuzzy logic[J]. IEEE Transactions on Fuzzy Systems, 2016, 24(2):273-287.

[219] Maclennan N K, Dong J, Aten J E, et al. Weighted gene co-expression network analysis identifies biomarkers in glycerol kinase deficient mice[J]. 2009, 98(1-2):203-214.

[220] Stuart, M. J. A gene-coexpression network for global discovery of conserved genetic modules[J]. Science, 2003, 302(5643):249-255.

[221] Zhang B, Horvath S. A general framework for weighted gene co-expression network analysis[J]. Statistical Applications in Genetics and Molecular Biology, 2005, 4:1-45.

[222] Ravasz E, Somera A L, Mongru D A, et al. Hierarchical organization of modularity in metabolic networks[J]. Science, 2002, 297(5586): 1551-1555.

[223] Yip A M, Horvath S. Gene network interconnectedness and the generalized topological overlap measure[J]. 2007, 8(1):22.

[224] Langfelder Z B, P. , Horvath S. Defining clusters from a hierarchical cluster tree: the Dynamic Tree Cut package for R[J]. Bioinformatics, 2007, 24(5):719-720.

[225] Guo B, Nixon M S. Gait feature subset selection by mutual information[C]. In: Biometrics: Theory, Applications, and Systems, 2007. BTAS 2007. First IEEE International Conference on. 2007. 39:36-46.

[226] Hu Q, Pan W, Zhang L, et al. Feature selection for monotonic classification[J]. IEEE Transactions on Fuzzy Systems, 2012, 20(1):69-81.

[227] Yang J B, Ong C J. An effective feature selection method via mu-

tual information estimation[J]. IEEE Transactions on Systems Man and Cybernetics Part B Cybernetics, 2012, 42(6):1550—1559.

[228] Qiu Q, Patel V M, Chellappa R. Information-theoretic dictionary learning for image classification[J]. IEEE Transactions on Pattern Analysis and Machine Intelligence, 2014, 36(11):2173—2184.

[229] Sehhati M, Mehridehnavi A, Rabbani H, et al. Stable gene signature selection for prediction of breast cancer recurrence using joint mutual information[J]. IEEE/ACM Transactions on Computational Biology and Bioinformatics, 2015, 12(6):1440—1448.

[230] Yu Z, Li L, Liu J, et al. Hybrid adaptive classifier ensemble[J]. IEEE Transactions on Cybernetics, 2015, 45(2):177—190.

[231] Tian Y, Qi Z, Ju X, et al. Nonparallel support vector machines for pattern classification[J]. IEEE Transactions on Cybernetics, 2013, 44(7): 1067.

[232] Wang J, Lu C, Wang M, et al. Robust face recognition via adaptive sparse representation[J]. IEEE Transactions on Cybernetics, 2014, 44 (12):2368—2378.

[233] Yang W, Gao Y, Shi Y, et al. MRM-Lasso: A sparse multiview feature selection method via low-rank analysis[J]. IEEE Transactions on Neural Networks and Learning Systems, 2015, 26(11):2801—2815.

[234] Zheng S, Liu W. An experimental comparison of gene selection by Lasso and Dantzig selector for cancer classification[J]. Computers in Biology and Medicine, 2011, 41(11):1033—1040.

[235] Cawley G C, Talbot N L C. Gene selection in cancer classification using sparse logistic regression with Bayesian regularization[J]. Bioinformatics, 2006, 22(9):2348—2355.

[236] Basso K, Margolin A A, Stolovitzky G, et al. Reverse engineering of regulatory networks in human B cells[J]. Nature Genetics, 2005, 37(4): 382—390.

[237] Nutt C L, Mani D R, Betensky R A, et al. Gene expression-based

classification of malignant gliomas correlates better with survival than histological classification[J]. Cancer Research, 2003, 63(7):1602—1607.

[238] Koti M, Gooding R J, Nuin P, et al. Identification of the IGF1/PI3K/NF k B/ERK gene signalling networks associated with chemotherapy resistance and treatment response in highgrade serous epithelial ovarian cancer [J]. BMC Cancer, 2013, 13(1):1—11.

[239] Nagai A, Terashima M, Harada T, et al. Cathepsin B and H activities and cystatin C concentrations in cerebrospinal fluid from patients with leptomeningeal metastasis[J]. Clinica Chimica Acta, 2003, 329(1—2):0—60.

[240] Matsuo T, Kuriyama K, Miyazaki Y, et al. The percentage of myeloperoxidase-positive blast cells is a strong independent prognostic factor in acute myeloid leukemia, even in the patients with normal karyotype[J]. Leukemia, 2003, 17(8):1538—1543.

[241] Wade A, Robinson A E, Engler J R, et al. Proteoglycans and their roles in brain cancer[J]. FEBS Journal, 2013, 280(10):2399—2417.

[242] Whipple C A, Young A L, Korc M. A KrasG12D-driven genetic mouse model of pancreatic cancer requires glypican-1 for efficient proliferation and angiogenesis[J]. Oncogene, 2011, 31(20):2535—2544.